先进焊接技术系列

焊接机器人跟踪与仿真技术

马国红　许燕玲　何银水　编著

机 械 工 业 出 版 社

本书有针对性地阐述了焊接机器人图像传感与处理、机器人焊接自主导引与跟踪、焊接机器人建模与控制、焊接机器人离线仿真等关键技术。在介绍基础性知识的同时，对专业性内容进行了适度的阐述解析与探讨，力求为读者展示当前焊接机器人传感与仿真技术，拓展读者的思维方式。

书中嵌入了作者相关研究工作的视频二维码，读者可以用手机扫码观看。

本书可作为焊接机器人相关研究人员的技术参考书，也可供高校材料成形及工程控制专业本科生、研究生参考。

图书在版编目（CIP）数据

焊接机器人跟踪与仿真技术/马国红，许燕玲，何银水编著. —北京：机械工业出版社，2021.1（2022.1 重印）

（先进焊接技术系列）

ISBN 978-7-111-67072-8

Ⅰ.①焊… Ⅱ.①马… ②许… ③何… Ⅲ.①焊接机器人 Ⅳ.①TP242.2

中国版本图书馆 CIP 数据核字（2020）第 246433 号

机械工业出版社（北京市百万庄大街 22 号 邮政编码 100037）
策划编辑：吕德齐 责任编辑：吕德齐
责任校对：张 征 封面设计：鞠 杨
责任印制：李 昂
北京瑞禾彩色印刷有限公司印刷
2022 年 1 月第 1 版第 2 次印刷
169mm×239mm · 8.75 印张 · 176 千字
1501—3000 册
标准书号：ISBN 978-7-111-67072-8
定价：89.00 元

电话服务
客服电话：010-88361066
010-88379833
010-68326294

网络服务
机 工 官 网：www.cmpbook.com
机 工 官 博：weibo.com/cmp1952
金 书 网：www.golden-book.com
机工教育服务网：www.cmpedu.com

封底无防伪标均为盗版

前　言

焊接作为一种将材料永久性连接的技术，是制造业的基础，在我国制造业现代化中发挥着不可替代的作用，是国家工业现代化技术水平的直接体现。很多产品，从大型船舰到超轻微电子元件，以及汽车、火车、飞机等交通工具，在生产中都不同程度地依赖焊接技术。焊接已经渗透到制造业的各个领域，直接影响产品的质量、可靠性和寿命以及生产成本、效率和市场反应速度。因此开展焊接机器人技术与方法的研究，探讨焊接机器人技术，对于推动我国制造业发展具有重要意义。

本书内容一直作为材料成形及控制工程专业焊接方向本科生、研究生等的学习资料。结合当前相关专业培养大纲中“宽基础、高素质、具有创新精神和创造能力”的要求，在介绍基础性知识的同时，对专业性内容进行了适度的阐述、解析与探讨，力求为读者展示当前焊接机器人传感与仿真技术，拓展读者的思维方式。

全书共五章，第 1 章绪论，第 2 章介绍焊接机器人图像传感与处理，第 3 章介绍机器人焊接自主导引与跟踪，第 4 章介绍焊接机器人建模与控制，第 5 章介绍焊接机器人离线仿真。书中嵌入了相关研究的视频二维码，读者可以用手机扫二维码观看。

本书第 1 章、第 5 章以及第 4 章的 4.9~4.14 节等部分由南昌大学马国红博士编写；第 3 章由上海交通大学许燕玲博士编写；第 2 章与第 4 章（除 4.9~4.14 节）由南昌大学何银水博士编写。硕士生李健、俞小康、刘俊才等参与了录入工作；丁献云女士参与了部分图表的整理工作。

本书得到了国家自然科学基金（No. 51665037）的资助；其中部分内容的研究得到了国家自然科学基金（No. 61165008）、上海市自然科学基金（No. 18ZR1421500）、南昌大学江西省轻质高强结构材料重点实验室开放基金（No. 20171BCD40003）、南昌航空大学无损检测技术教育部重点实验室开放基金（No. EW201980090）等资助；在编写过程中参阅和引用了国内外同行们的学术论文、专著，作者在此对相关作者表示深深的感谢；同时本书的出版还要感谢机械工业出版社的大力支持。

由于作者水平有限，书中难免存在不足和错误之处，恳请读者给予批评指正。

作　者

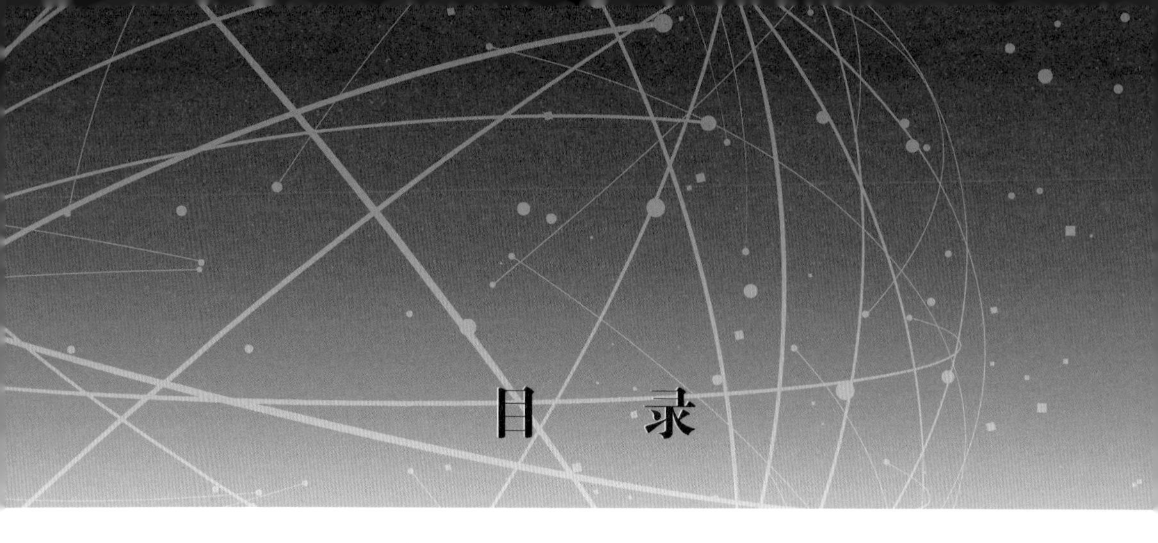
目 录

第1章 绪 论

焊接机器人技术与先进焊接方法通常是指基于机器人焊接平台，实现焊接产品制造的自动化、数字化、高效率、高质量等目标的焊接方法与技术。这种先进焊接方法与技术突破了传统的焊接方式，提高了焊接产品的质量与焊接效率，极大地满足了焊接产品制造的要求，代表了焊接技术的一种发展趋势。

1.1 机器人的定义

国际上关于机器人的定义主要有如下几种。

（1）英国简明牛津字典的定义　机器人是“貌似人的自动机，是具有智力的和顺从于人的，但不具人格的机器”。

这一定义并不完全正确，因为还不存在与人类相似的机器人在运行。这是一种理想的机器人。

（2）美国机器人协会（RIA）的定义　机器人是“一种用于移动各种材料、零件、工具或专用装置的，通过可编程序动作来执行种种任务的，并具有编程能力的多功能机械手（manipulator）”。

尽管这一定义较实用，但并不全面。这里指的是工业机器人。

（3）日本工业机器人协会（JIRA）的定义　工业机器人是“一种装备有记忆装置和末端执行器（end effector）的，能够转动并通过自动完成各种移动来代替人类劳动的通用机器”。

或者分为两种情况来定义：

1）工业机器人是“一种能够执行与人的上肢（手和臂）类似动作的多功能机器”。

2）智能机器人是“一种具有感觉和识别能力，并能够控制自身行为的机器”。

前一定义是工业机器人的一个较为广义的定义。后一种则分别对工业机器人和智能机器人进行定义。

（4）美国国家标准局（NBS）的定义　机器人是“一种能够进行编程并在自

动控制下执行某些操作和移动作业任务的机械装置”。

这也是一种比较广义的工业机器人定义。

（5）国际标准化组织（ISO）的定义 “机器人是一种自动的、位置可控的、具有编程能力的多功能机械手，这种机械手具有几个轴，能够借助于可编程序操作来处理各种材料、零件、工具和专用装置，以执行种种任务”。

显然，这一定义与美国机器人协会的定义相似。

（6）我国对机器人的定义 随着机器人技术的发展，我国也面临讨论和制定关于机器人技术的各项标准问题，其中包括对机器人的定义。蒋新松院士曾建议把机器人定义为“一种拟人功能的机械电子装置” （a mechantronic device to imitate some human functions）。我们可以参考各国的定义，结合我国情况，对机器人做出统一的定义。

上述各种定义有共同之处，即认为机器人：①像人或人的上肢，并能模仿人的动作；②具有智力或感觉与识别能力；③是人造的机器或机械电子装置。

随着机器人的进化和机器人智能的发展，这些定义都有修改的必要，甚至需要对机器人重新定义。

机器人的范畴不但要包括“由人制造的像人一样的机器”，还应包括“由人制造的生物”，甚至包括“人造人”，尽管我们不赞成制造这种人。看来，本来就没有统一定义的机器人，今后更难为它下个确切的和公认的定义了。

1.2 机器人的发展历程

1.2.1 机器人的产生与发展

“机器人”是存在于多种语言和文字的新造词，它体现了人类长期以来的一种愿望，即创造出一种像人一样的机器或“人造人”，以便能够代替人去完成各种工作。

尽管直到30多年前，“机器人”才作为专有名词加以引用。然而机器人的概念在人类的想象中却已存在3000多年了。早在我国西周时代（公元前1066年—公元前771年），就流传有关巧匠偃师献给周穆王一个歌舞机器人的故事。作为第一批自动化动物之一的能够飞翔的木鸟是在公元前400年—公元前350年间制成的。公元前3世纪，古希腊发明家戴达罗斯用青铜为克里特岛国王迈诺斯塑造了一个守卫宝岛的青铜卫士塔罗斯。在公元前2世纪的书籍中，描写过一个具有类似机器人角色的机械化剧院，这些角色能够在宫廷仪式上进行舞蹈和列队表演。

我国东汉时期（公元25年—220年），张衡发明的指南车是世界上最早的机器人雏形。

人类历史进入近代之后，出现了第一次工业和科学革命。随着各种自动机器、动力机和动力系统的问世，机器人开始由幻想时期转入自动机械时期，许多机械控制的机器人应运而生，主要是各种精巧的机器人玩具和工艺品。

公元1768年—1774年间，瑞士钟表匠德罗斯父子三人设计制造出三个和真人一样大小的机器人——写字偶人、绘图偶人和弹风琴偶人。它们是由凸轮控制和弹簧驱动的自动机器，至今还作为国宝保存在瑞士纳切特尔市艺术和历史博物馆内。同时，还有德国梅林制造的巨型泥塑偶人“巨龙戈雷姆”，日本物理学家细川半藏设计的各种自动机械图形，法国杰夸特设计的机械式可编程序织造机等。1893年加拿大摩尔设计的能行走的机器人“安德罗丁”，是以蒸汽为动力的。这些机器人工艺珍品，标志着人类在机器人从梦想到现实这一漫长道路上前进了一大步。

进入20世纪之后机器人已躁动于人类社会和经济的母胎之中，人们含有几分不安地期待着它的诞生。他们不知道即将问世的机器人将是个宠儿，还是个怪物。1920年捷克剧作家卡雷尔·凯培克（Karel Capek）在他的幻想情节剧《罗萨姆的万能机器人》（R. U. R.）中，第一次提出了“机器人”这个名词。各国对机器人的译法，几乎都从斯洛伐克语robota音译为“罗伯特”（如英语robot，日语ロボット，俄语робот，德语robot等），只有中国译为“机器人”。1950年，美国著名科学幻想小说家阿西莫夫在他的小说《我是机器人》中，提出了有名的“机器人三守则”：

1）机器人必须不危害人类，也不允许它眼看人将受害而袖手旁观。

2）机器人必须绝对服从于人类，除非这种服从有害于人类。

3）机器人必须保护自身不受伤害，除非为了保护人类或者是人类命令它做出牺牲。

这三条守则给机器人社会赋以新的伦理性，并使机器人概念通俗化，更易于为人类社会所接受。至今它仍为机器人研究人员、设计制造厂家和用户，提供了十分有意义的指导方针。

多连杆机构和数控机床的发展和应用为机器人技术打下重要基础。

1954年美国人乔治·德沃尔设计了第一台电子程序可编的工业机器人，并于1961年发表了该项机器人专利。1962年美国万能自动化（Unimation）公司的第一台机器人Unimate在美国通用汽车公司（GM）投入使用，这标志着第一代机器人的诞生。从此机器人开始成为人类生活中的现实。

第一台工业机器人问世后的头10年，即从20世纪60年代初期到70年代初期，机器人技术的发展较为缓慢，许多研究单位和公司所做的努力均未获得成功。这一阶段的主要成果有美国斯坦福国际研究所（SRI）于1968年研制的移动式智能机器人夏凯（Shakey）和辛辛那提·米拉克龙（Cincinnati Milacron）公司于1973年制成的第一台适于投放市场的机器人T3等。

进入20世纪70年代之后人工智能学界开始对机器人产生浓厚兴趣。他们发现机器人的出现与发展为人工智能的发展带来了新的生机，提供了一个很好的试验平台和应用场所，是人工智能可能取得重大进展的潜在领域。这一认识，很快为许多国家的科技界、产业界和政府有关部门所赞同。随着自动控制理论、计算机和航天技术的迅速发展，到了70年代中期，机器人技术进入了一个新的发展阶段。到70年代末期，工业机器人有了更大的发展。进入20世纪80年代后，机器人生产继续保持70年代后期的发展势头。到80年代中期机器人制造业成为发展最快和最好的经济产业之一。

到20世纪80年代后期，由于传统机器人用户应用工业机器人已趋饱和，从而造成工业机器人产品的积压，不少机器人厂家倒闭或被兼并，使国际机器人学研究和机器人产业出现不景气。到20世纪90年代初机器人产业出现复苏和继续发展的迹象。但是好景不长，1993年—1994年又出现低谷。1995年以来世界机器人数量逐年增加，增长率也较高。到2000年服役机器人约100万台；机器人产业仍然维持较好的发展势头，满怀希望跨入21世纪。

1.2.2 工业机器人发展现状

机器人进入21世纪后，受益于微电子芯片、软件、人工智能技术等快速发展，在工业、家居、娱乐等方面发展迅猛。目前为止，国外工业机器人在各个行业领域的应用逐步扩大，研发出的机器人更加成熟，功能更加全面，可靠性、智能性更高，包括焊接机器人、搬运机器人、下料机器人、服务机器人、娱乐机器人等，已经形成了一批掌握先进机器人技术的著名机器人公司，比如日本的FANUC、MOTOMAN、安川、川崎等机器人公司，美国的Adept Technologe、AmericanRobot、STRobotics等有国际影响力的工业机器人供应商，德国的KUKA、CLOOS公司，英国的Auto. Tech Robotics公司，意大利的COMAU公司，瑞典的ABB公司，奥地利的IGM公司等。这些知名机器人公司推动着机器人技术的发展，同时也是各自国家的标杆性企业，这些国际性知名企业大概把持着全球机器人份额的80%，并且销量仍在逐年增长。从20世纪70年代以来，机器人产业就一直保持稳定增长的势头，市场前景非常的好。

2018年世界机器人大会（WRC2018）报告指出，全球机器人产业在基础技术、市场规模、企业智能化转型方面持续提升，2013年—2018年平均增长率约为15.1%，2018年市场规模达到298.2亿美元，其中工业机器人168.2亿美元，服务机器人92.5亿美元，特种机器人37.5亿美元，如图1-1所示。

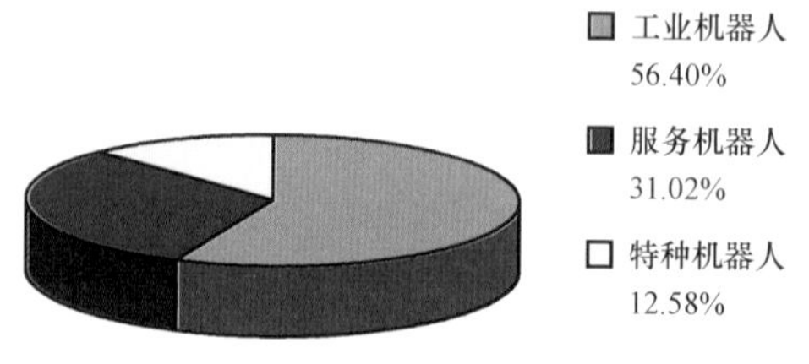

图1-1 2018年世界机器人市场分布

中国焊接机器人经过“七五”“九五”攻关计划和863计划的支持已经取得了较大进展，建立了9个机器人产业化基地和7个科研基地。基地的建设给产业化带来了希望，为发展我国机器人产业奠定了基础。但目前国内市场上的机器人进口仍占了绝大多数。我国工业机器人销量已连续三年保持全球第一，并成为全球最大的工业机器人消费市场。根据统计数据，我国工业机器人销量由 2001 年的不到 700 台迅猛增长到 2015 年的约 70000 台，15 年间增长了 100 倍，年均增长率约为 35.75%。销量占全球比例由 2001 年的不到 1% 增长至 2015 年的 27%。

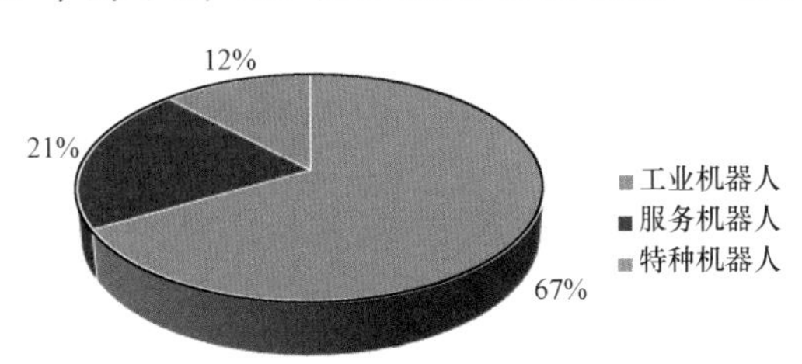

图 1-2 中国机器人应用市场领域分布

2018 年我国工业机器人销量超过了 14 万台。具体的机器人应用领域分布如图 1-2 所示。今后制造业为了实现焊接多品种、高质量、高效率，焊接机器人使用量将会更多，焊接机器人的智能化水平将会更高。

1.3 焊接机器人的分类及发展

随着制造业的发展，传统的焊接技术已满足不了现代高技术产品制造的数量和质量的要求，以机器人为载体的焊接机器人技术快速发展并在工业发展中扮演着举足轻重的角色，焊接机器人系统运动的平稳性、高精度、可重复性等特征，可以使复杂焊接过程变得相对简单，同时使得焊接质量和效率大幅度提升。

焊接机器人是以机器人为载体，结合焊接各种方法与设备开展的自动化焊接装备。焊接机器人是焊接自动化的革命性进步，突破了焊接刚性自动化的传统方式，开拓了一种柔性自动化生产方式。焊接机器人本体及其附属整套装备称为焊接机器人系统。

通常按照用途，焊接机器人可以分为弧焊机器人和点焊机器人两类。

1. 弧焊机器人

弧焊机器人利用电弧进行焊接，其系统包括焊枪、焊接电源、机器人本体等各种附属装置在内的系统，具有满足工件制造多样性、小批量焊接等柔性能力。

在弧焊过程中，焊枪应跟踪工件的焊道运动，并不断填充金属形成焊缝，因此运动过程的稳定性和轨迹精度是重要指标。由于焊枪姿态对焊缝质量具有较大影响，因此希望在跟踪的同时焊枪姿态的可调范围尽量大。其他一些基本功能要求如下：

1）设定焊接参数（包括焊接电流、电压、速度等）。

2）焊接传感器功能（焊缝初始点检测与定位、焊缝跟踪等）。

3）坡口填充功能。

4）焊接异常检测功能。

根据机器人所采用的不同焊接工艺，弧焊机器人进一步可以细分为 CO_2 弧焊机器人、MIG弧焊机器人、激光焊机器人、等离子弧焊（切割）机器人等类型。

2. 点焊机器人

点焊工艺在制造业中的应用非常广泛，特别是在汽车制造、航空航天等薄板加工领域，根据工业机器人分布统计，汽车制造中大约60%的焊点是由机器人完成，特别是在无人车间，其焊接机器人使用率更高。随着产品的多样化，点焊机器人被赋予越来越多的要求，包括：

1）安装面积小，工作空间大。

2）快速完成小节距的多点定位。

3）定位精度高，负载大。

4）内存容量大，示教简单，节省时间。

5）点焊速度与生产线节拍相符，同时安全可靠性更好。

焊接机器人的研究在国外起步相对较早，且焊接机器人是工业机器人的一个重要分支，焊接机器人技术的发展几乎与工业机器人技术发展同步，已经形成了一套比较成熟的、被世界所采用的机器人技术标准。

1969年美国通用汽车公司在组装生产线上装配了首台点焊机器人，极大地提高了生产效率，使得90%的车身焊接任务实现了自动化，改变了传统生产中自动化程度低、焊接作业条件恶劣、危险性高、需依赖工装夹具的生产方式。1973年，德国KUKA公司在Unimate的基础上研发出全球首台全电动机驱动的六轴机器人Famulus。1974年，B. Weichbrodt为瑞典通用电气开发了首台全电气微处理器控制的工业机器人。同年，日本川崎公司引进美国工业机器人技术，7年后在Unimate的基础上开发了全球首台弧焊机器人Hi-T-Hand，该机器人还具备接触传感和力觉传感功能。

图1-3 凯迪拉克ATSL全铝合金汽车仪表盘支架焊接机器人系统

图1-3所示为汽车制造中的焊接机器人系统。

1.4 焊接机器人技术

焊接机器人具有工作效率高、稳定可靠、重复精度好、能在高危环境下作业等优势，在焊接制造中发挥重要作用。因此焊接机器人（包含点焊机器人、弧焊机器人、激光焊接机器人等）作为先进代表性技术之一，在焊接制造过程中具有重要的影响。

从目前国内外研究现状来看，焊接机器人技术研究主要集中在焊接传感技术、焊缝识别与导引技术、焊缝跟踪技术、焊缝成形质量控制方法、多机器人协调控制技术与遥控焊接技术等方面。

1. 焊接机器人传感技术

传感器在焊接机器人中具有重要作用，除了有传统的位置、速度、加速度、力传感器外，还有激光、视觉、电弧传感器。利用传感技术在焊缝自动跟踪和自动化生产线上物体的自动定位以及精密装配作业等场合，大大提高了机器人的作业性能和对环境的适应性。为进一步提高机器人的智能性和适应性，多种传感器的使用是其问题解决的关键。其研究热点在于有效可行的多传感器融合算法，特别是在非线性、非平稳和非正态分布的情形下的多传感器融合算法。多传感器信息融合技术目前尚处于研究阶段，国内外的相关研究还不是很成熟。

2. 焊缝识别与导引技术

实施机器人焊接的首要技术之一是如何寻找并导引机器人焊枪接近焊接的初始点，焊缝的识别与导引是焊接机器人智能化的重要组成部分。在现有的研究成果中，主要是通过基于视觉的方法对焊缝进行识别与导引。

Welding and cutting 杂志曾论述过一种基于移动机器人的获取焊缝接头位置并对焊接机器人进行导引的方法，该方法能够通过传感系统自动地获取焊接的接头位置，计算出焊缝的轨迹信息，并通过计算出的焊缝信息调整焊枪的姿态。

3. 焊缝跟踪技术

在实际焊接中，精确的焊缝跟踪是保证焊接质量的关键技术，是实现焊接过程自动化的重要研究方向。随着近代模糊数学和神经网络的出现并成功地应用于焊缝跟踪系统，焊缝跟踪技术已经进入了智能跟踪的时代。

Journal of Materials Processing Technology 杂志提出了一种基于模糊逻辑推理的焊缝跟踪系统。通过安装在机器人上的电荷耦合器件（Charge Coupled Device, CCD）装置获取焊接过程的图像，根据图像处理技术得到焊缝的边缘，采用模糊逻辑推理的控制方法对焊接的过程进行纠偏。此方法实现了对直线焊缝、曲线焊缝和折线焊缝的焊缝跟踪，取得了较好的跟踪效果。

4. 焊缝成形质量控制方法

由于焊接过程是一个多参数相互耦合的时变的非线性系统，很难采用传统的控制方法对机器人焊接过程进行控制。近些年随着模糊控制理论和神经网络控制技术及专家系统理论的发展，模拟焊工操作的智能控制方法已经在焊接过程中成功应用，主要涉及的技术包括熔池动态过程的视觉传感技术、建模与智能控制。

Journal of Materials Processing Technology 杂志提出了一种用模糊控制器对焊缝成形进行控制的方法，针对焊接过程中间隙的大小和变化的情况，实时调整焊接速度和焊接电流。在焊接机器人上实现了对钢管结构的焊缝成形的模糊闭环控制，并取得了较好的控制效果。上海交通大学陈善本教授研究团队通过 CCD 摄像机对焊接熔池的图像进行采集，根据熔池表面的成像特点，开发了由熔池图像提取熔池三维形状参数的图像处理算法。

5. 多机器人协调控制技术

这是目前机器人研究的一个新领域。主要对多智能体的群体体系结构、相互间的通信与磋商机理、感知与学习方法、建模和规划、群体行为控制等方面进行研究。

上海交通大学陈善本教授研究团队设计了一种复杂焊接机器人系统的 Petri Net 模型，基于局域网络通信的软件控制模式，实现了多台机器人协同控制下铝合金 GTAW 角焊试验。

Lecture Notes in Control and Information Science 专辑中推出了一种激光焊多智能体柔性制造加工系统（LWFMS），在激光焊过程中，成功地实现了多个机器人在激光焊接过程中的协调和控制。

6. 机器人离线仿真

焊接机器人智能化技术覆盖的领域范围广，它融合了多个学科的研究成果。除了以上介绍的几个主要的发展方向以外，机器人智能化技术还在焊接电源的配套设计、机器人结构设计、离线编程、专家系统、虚拟机器人技术等领域研究取得了较大的进展。

国外主要机器人厂家如（ABB、MOTOMAN 等公司）具有较为成熟的专业编程开发软件。国内哈尔滨工业大学焊接系研究人员在本领域开展了焊接机器人系统构建、系统离线编程、虚拟样机等诸多研究，走在国内前列。

1.5 本章小结

本章概要介绍了机器人的定义、发展历程和焊接机器人的分类及相关技术。

第2章　焊接机器人图像传感与处理

2.1　引言

弧焊机器人的应用中，比较复杂的是进行厚板机器人电弧焊。相对于薄板或中等厚度的材料而言，厚板焊接过程涉及多层多道焊，每次焊接前和焊接中需要实时提取焊缝轮廓的特征点，以引导焊枪移动到所需焊接位置。普通被动视觉传感不能获得满意的图像信息，采用主动传感方式的激光视觉传感器，则能在同一帧图像中同时采集激光条纹和完整电弧图像，同时也能采集到T形接头腹板坡口处的上轮廓线；但是带来了新的问题，即加大了提取激光条纹的难度。

视觉注意机制（visual attention mechanism）是近年来在计算机视觉方面发展起来的一门技术。其通过模仿生理和神经科学的相应技术，能从噪声环境、复杂场景中快速获取感兴趣（ROI）区域。本章将利用该机制设计视觉注意模型（visual attention models，VAM），用以将激光条纹从电弧背景中凸显出来，并最终生成综合显著图。利用该显著图并结合OTSU（大津展之）算法和聚类算法提取激光条纹，即焊缝轮廓。需要提取的焊缝信息包括两个方面：激光条纹和腹板坡口处的上边沿轮廓线。

激光条纹的提取是后续焊缝轮廓特征点识别的前提。多层多道焊接中，每次施焊前和施焊中都要为焊枪指定该道的焊接点，而视觉传感方式下焊接点常为焊缝轮廓上的特征点，因此要实现厚板焊接焊道自主的、实时的规划和对焊枪的实时控制，焊缝轮廓特征点的提取是关键。

本章结合摆动焊接的特点，指出焊缝轮廓的特征点包括斜率突变点（slope mutation points，SMP）、局部极值点（local extreme points，LEP）。在提取上述特征点的过程中，设计的算法力求做到无须人为设置经验参数来提高算法的鲁棒性。这些特征点的有效识别为智能机器人焊接系统（intelligent robotic welding system，IRWS）后续的焊道规划、焊接参数和焊枪姿态的调整打下了基础。

特征点提取算法完成后，可根据Automaton中有关特征点提取的相关设定进行离线和在线验证，主要考察算法的实时性和准确性。

2.2　激光视觉传感器的设计

2.2.1　激光视觉传感器的结构

本章涉及的激光视觉传感器结构如图 2-1 所示，各部分解析如图 2-2 所示。该传感器主要由如下部件构成：摄像机与镜头、线结构光激光器、采集卡（在控制柜中）滤光镜、减光镜、反光镜。传感器通过导轨和夹持机构与焊枪连接。摄像机与镜头垂直放置，通过调节光学部分反光镜片的倾角使得摄像机获取不同的视场范围。与其他传感器不同的是，在摄像机的固定以及激光器的空间布局方面进行了改进：激光器位于摄像机的正前方，这样可以让激光器发出的光线的最亮部分（能量最集中部分）正好照射在焊缝处，从而使得采集的激光条纹最清晰。改进后激光器位置效果图如图 2-3 所示，激光视觉传感器工作状态如图 2-4 所示。

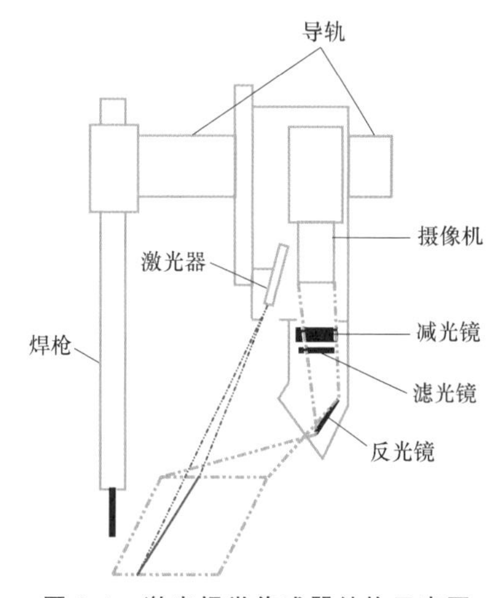

图 2-1　激光视觉传感器结构示意图

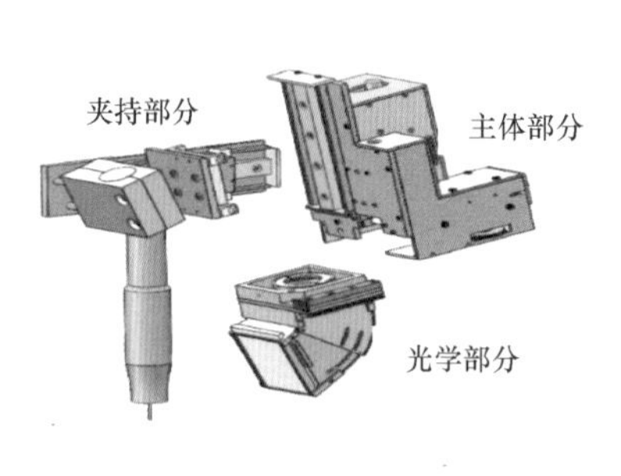

图 2-2　激光视觉传感器各部分解析图

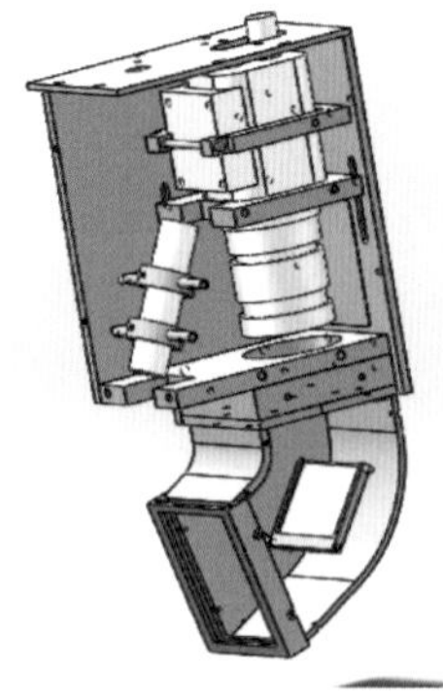

图 2-3　改进后激光器位置效果图

图 2-4　激光视觉传感器工作状态

2.2.2　传感器中关键部件的选型

传感器中的关键部件包括：激光器、采集卡、摄像机、镜头、滤光镜和减光镜。下面分别简介各部件的选型结果和相关性能参数。

1. 激光器

尽管目前市场上能用于检测焊缝轮廓的激光器有多种，且研究中也有提出采用环形条纹和多直线条纹检测焊缝轮廓的，但是考虑到线结构光激光器的性价比及其成像后被提取的难易程度，这里建议采用线结构光激光器作为辅助光源。因为研究中拟将完整电弧区域和激光条纹同时采集于同一帧焊缝图像中，所以在选取激光器时有两个因素首先要被考虑，即几何尺寸和功率。由于激光器最终要被封装在传感器中，所以其尺寸要尽可能小；因电弧区域的亮度远比激光光线的亮度高，所以激光器的功率要尽可能大。目前国内对于满足尺寸条件的激光器，其稳定的最高功率一般低于500mW。另外，激光器发射的可见光的波长也要被考虑。由于采用Q345B型焊材在实施MAG焊时的电弧光谱显示[7]，在可见光波长范围内，波长在600~700nm范围内的弧光光强较弱，因此可将激光光线的波长选择在650nm。综合上述因素，系统中激光器选用FU650AX200-GD16红光一字激光器，如图2-5所示，性能参数见表2-1。

图2-5 红光一字激光器

表2-1 激光器性能参数

性能名称	参数	单位
波长	650	nm
输出功率	200	mW
工作电流	≤260	mA
工作电压	2.8~3.2	V
外形尺寸	ϕ16×70	mm

2. 采集卡

系统中采用的采集卡为大恒公司生产的DH-CG400型产品，如图2-6所示。其六路CVBS输入，三路Y/C输入，六选一模拟视频输出，数据传送过程由图像卡控制，无须CPU参与，瞬间传输速度可达132MB/s；支持的操作系统包括：WIN9X/ME/NT/2K/XP/LINUX；视频输出格式：AV/S-Video（纠错）；图像分辨率：768×576（PAL）（采集程序中可调）、640×480（NTSC）（纠错）；音频采样：24位；采集周期为20ms。

3. 摄像机

系统中选用的摄像为日本WATEC公司生产的WAT-902H2。该摄像性能稳定、小巧、拥有低照度和高解析度等特点，如图2-7所示，性能见表2-2。

4. 镜头

传感器中与CCD配套的镜头选用Computar工业镜头，型号为M1614-MP。其设计紧凑，低变形率（低于1.0%），满足在整个屏幕范围内都具有高对比度和清晰度图像的要求，如图2-8所示，其性能见表2-3。

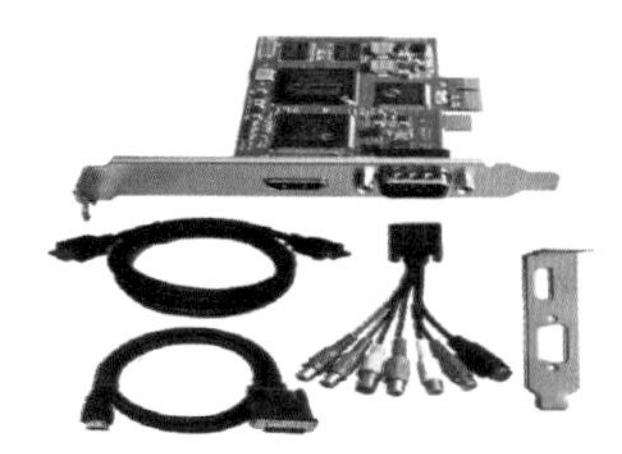

图 2-6　图像采集卡

图 2-7　CCD 型号

表 2-2　CCD 性能参数

性能名称	参数	单位
尺寸	1/2	in
解析度(水平)	570	线
信噪比	46	dB
有效像素	440	KB
靶面尺寸	6.4×4.8	mm
工作电压	12±10%	V

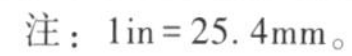

注：1in=25.4mm。

图 2-8　Computar 工业镜头

表 2-3　Computar 镜头性能参数

性能名称	参数
焦距	16mm
镜头直径与焦距之比的最大值	1∶1.4
图像最大尺寸	8.8mm×6.6mm(ϕ11mm)
光圈工作范围	F1.4~F16(CD 镜头)
最小物距	0.3m
光圈控制方式	手动
对焦方式	手动
最小物距时的视场范围(水平×垂直)	16.5cm×12.4cm(2/3in 靶面)
视角(深度×水平×垂直)	靶面 $\frac{2}{3}$in 靶面 38.0°×30.8°×23.4° $\frac{1}{2}$in 靶面 28.2°×22.7°×17.1°
工作温度	-20~+50℃
变形率	2/3in 靶面为-0.1%(y=5.5),1/2in 靶面为-1.1%(y=4.0)
焦距	13.1mm
滤镜螺纹	M30.5,P=0.5mm
外形尺寸(直径×长度)	ϕ33.5mm×28.2mm
重量	65g

5. 滤光镜

采集图像时采用两种中心波长不一的红光窄带滤光镜进行复合滤光，以最大限度滤除其他波长的可见光。直径较大的滤光镜（图 2-9a）的中心波长为 650nm，半带宽为 50nm，中心透过率大于 85%，截止波长 400~1200nm，截止深度小于 0.1%，厚度为 4.1mm，直径为 35mm。直径较小的滤光镜（图 2-9b）的中心波长为 664nm，半带宽为 25nm，中心透过率大于 90%，截止波长 400~1100nm，截止深度小于 0.1%，厚度为 1.1mm，直径为 22mm。上述两种滤光镜的透过率分布与不同波长的对应图如图 2-10 所示。

图 2-9 滤光镜及盛放工具

a）中心波长为 650nm　b）中心波长为 664nm

c）盛放滤光镜工具

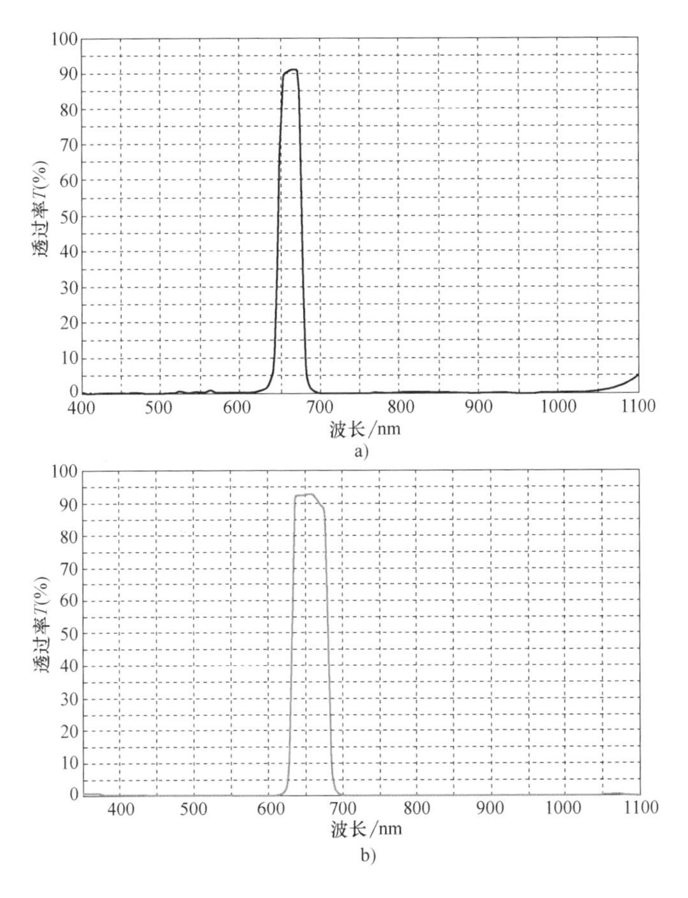

图 2-10 滤光镜透过率

a）中心波长为 650nm 的滤光镜的透过率的分布　b）中心波长为 664nm 的滤光镜的透过率的分布

6. 减光镜

为使电弧图像和激光条纹清晰且稳定，采集焊缝图像时采用复合减光镜进行减光，即同时使用不同透过率的减光镜，合成的透过率大约为 0.014%。图 2-11 给出了不同透过率的减光镜。

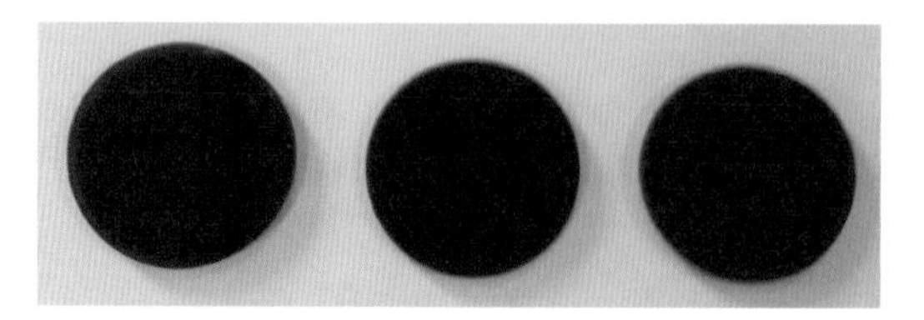

图 2-11　不同透过率的减光镜

2.3　焊接硬件系统

这里构建的厚板 T 形接头焊接硬件系统主要由 7 部分组成：焊接机器人（FANUC M-20iA）、机器人本体控制系统（R-30iA）、焊接电源（Lincoln i400）、送丝机（Lincoln 4R100）、图像采集系统、工装与夹具和保护气体。图 2-12 焊接系统。其中保护气体采用的是 CO_2 和 Ar 的混合气体，比例为 2∶8。

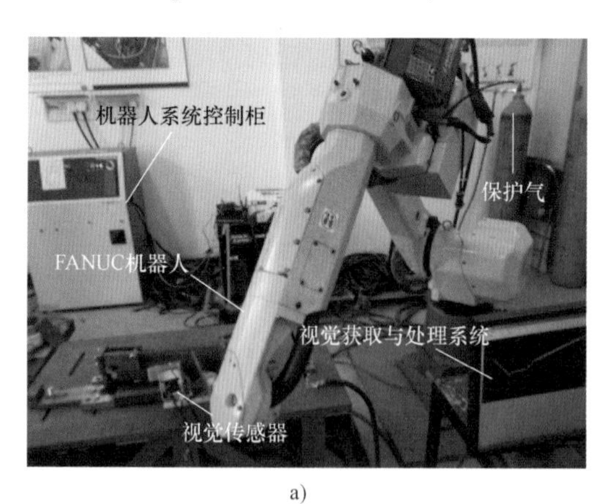

a）

夹具

b）

图 2-12　焊接系统

a）焊接系统实物图　b）工装及夹持机构

2.4　外围软件系统

外围软件系统由主软件系统和子软件系统两部分构成。主软件系统负责视觉信息的采集和处理、对焊枪的控制算法和与机器人本体控制系统之间的信息交互。该软件系统是基于 Visual C++ 2008 与 OpenCV 平台编写的。主软件系统与机器人本体控制系统是通过网线端口连接完成的，两系统之间信息交互的函数是：SetValueXyzwpr2（RP_index，W_X，W_Y，W_Z，PRW_W，PRW_P，PRW_R，E1，E2，E3，C1，C2，C3，C4，C5，C6，C7，PW_UF，PW_UT）。子软件系统是小型专家推理系统，主要负责多层多道焊的焊道规划、焊接参数和焊枪姿态在线调整，该系统采用 Matlab 平台开发，主要是 GUI 编程。实际焊接时主软件系统与示教器配合使用。主软件系统负责将下一焊接点的位置坐标用 SetValueXyzwpr2（）函数实时更新，而利用示教器编写的焊接程序负责实时监测焊接终点的位置，两处程序配合即可完成焊接任务。另外，为了方便管理，同时为了降低时间开销，主软件系统中采用了多线程编程方式，主要包括 6 个子线程：①HANDLE m_hThread1 用于图像的采集、处理和保存；②m_hThread2 用于连接 Visual C++2008 与 Matlab 的混合编程，可以在 VC 界面调用 Matlab GUI 程序以实现焊道规划、焊接参数的决策和焊枪姿态的调整；③m_hThread3 负责对焊枪进行控制时在线优化出 Y 方向的进给量；④m_hThread4 用于焊枪纠偏中在线优化 Z 方向的进给量；⑤m_hThread5 用于将相关信息写入计算机硬盘中；⑥m_hThread6 用于保存各采样周期内决策的有效的跟踪点的坐标信息。主软件系统的主界面如图 2-13a 所示，图 2-13b 是被调用的从软件系统（专家系统）界面。

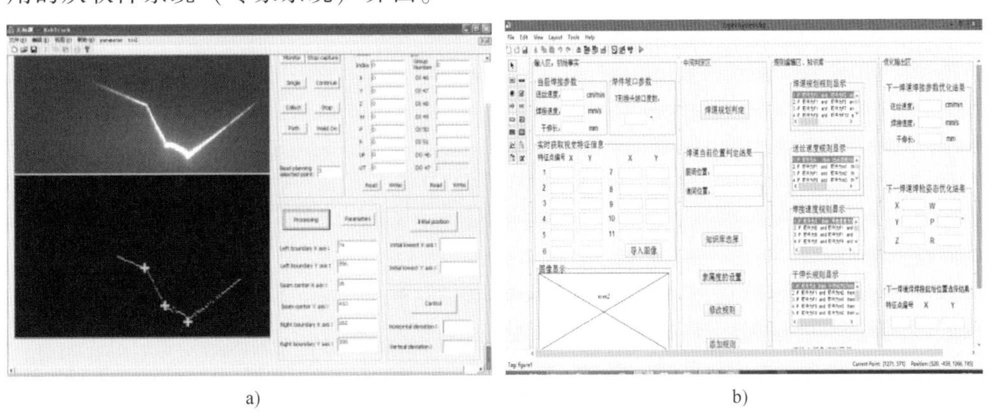

a)　　　　　　b)

图 2-13　主从软件系统界面

a）图像采集、处理、控制、通信界面　b）专家系统界面

值得注意的是，外围软件系统负责利用相关信息决策出所需内容的结果，而具体的实施则由机器人本体控制系统来完成，包括焊枪对焊接点的跟踪、焊接参数的

调整和焊枪姿态的微调。

2.5 视觉系统标定

基于视觉传感的机器人自主焊接系统，焊接时对焊枪的控制精度很大程度上与视觉系统标定的精度有关。在实施机器人自主焊接之前，需要离线对视觉系统进行标定，目的是将视觉图像处理获取的特征点的图像坐标与世界坐标对应起来，从而实现在线精确控制焊枪在 Y 和 Z 方向上的移动量。

视觉系统的标定有多种方法，经典的如张正友法[8]、Tsai 法等。标定过程中为获取图像坐标系下的标定点的位置信息，采用的方式分两种。一种是采用标靶的方式，属于被动光源方式；另外一种是采用结构光的方式，属于主动光源方式。这里介绍采用的是结构光检测世界坐标系下的焊缝轮廓特征点，外围软件系统通过已实现的图像处理算法，可以准确获取世界坐标系下对应点在图像坐标系中的坐标值，同时由于外围软件系统与机器人本体控制系统已建立实时通信，使得外围软件系统可以实时读取对应点在世界坐标系下的坐标值，属于主动光源方式进行视觉系统的标定。

标定过程包括两个方面：一是相机系统内外参数的标定；二是机器人系统手眼标定。

2.5.1 相机系统标定

相机系统标定的过程实际上是求解相机系统的内外参数值，即确定式（2-1）中涉及的参数值：

$$s\tilde{m} = \boldsymbol{K}\boldsymbol{T}\tilde{M} \tag{2-1}$$

其中：

$$\boldsymbol{K} = \begin{pmatrix} \alpha & c & u_0 \\ 0 & \beta & v_0 \\ 0 & 0 & 1 \end{pmatrix} \tag{2-2}$$

表示相机的内部参数部分，包括图像主点坐标（u_0，v_0），图像坐标轴倾斜系数 c，图像坐标系下的尺度因子 α、β。

$$\boldsymbol{T} = \begin{pmatrix} r_1 & r_2 & r_3 & t_x \\ r_4 & r_5 & r_6 & t_y \\ r_7 & r_8 & r_9 & t_z \end{pmatrix} \tag{2-3}$$

为世界坐标系到投影仪参考坐标系的平移向量，可用三个平移参数表示，为外部参数。根据正交归一性有：

$$
\begin{cases}
r_1^2+r_4^2+r_7^2=1\\
r_2^2+r_5^2+r_8^2=1\\
r_3^2+r_6^2+r_9^2=1\\
r_1r_2+r_4r_5+r_7r_8=0\\
r_1r_3+r_4r_6+r_7r_9=0\\
r_2r_3+r_5r_6+r_8r_9=0
\end{cases}
\tag{2-4}
$$

另外，s 是不为零的任意的尺度因子；$\tilde{\boldsymbol{m}}=\begin{pmatrix}x\\y\\1\end{pmatrix}$是图像坐标增广形式，$\tilde{\boldsymbol{M}}=\begin{pmatrix}x_w\\y_w\\z_w\\1\end{pmatrix}$是世界坐标增广形式。

式（2-2）和式（2-3）共有 17 个未知参数。式（2-4）已确立了 6 个关系式，还需 11 个关系式才能求解上述 17 个相关参数，因而还需要 6 对已知的标定点确定这些参数，而这些参数的求解过程是一个典型的非线性最小二乘估计问题，可以采用 Levenberg-Marquardt 方法来解决。

2.5.2　手-眼系统标定

手-眼系统标定的目的是确定手-眼转换矩阵 $\boldsymbol{H}$，将图像坐标系与用来安装视觉传感器的机械臂对应起来。当通过相机标定获取了焊缝特征点对应的世界坐标系后可由矩阵 $\boldsymbol{H}$ 换算出焊枪的位置，最终准确引导焊枪移动。其中 $\boldsymbol{H}$ 满足：

$$
\boldsymbol{R}=\boldsymbol{T}'\boldsymbol{H} \tag{2-5}
$$

式中，$\boldsymbol{R}$ 是相机坐标系与机器人基座的转换矩阵；$\boldsymbol{T}'$是机械臂与机器人基座的转换矩阵。当机器人恢复出厂姿态后可以通过示教器读出基座数据，而机器人系统建立了工具坐标系后也可以读出此时的坐标数据，两种数据的偏移量可以构建 $\boldsymbol{T}'$。值得注意的是 $\boldsymbol{R}$ 即为式（2-1）中的 $\boldsymbol{T}$。经上述分析可以确定：

$$
\boldsymbol{H}=(\boldsymbol{T}')^{-1}\boldsymbol{T} \tag{2-6}
$$

具体的标定过程如下：

1）通过图像处理系统获取不在同一直线上的 6 个焊缝轮廓特征点（图 2-14），并记录不同特征点对应的世界坐标系中的坐标值（可以标记这些真实点位置，然后逐一移动焊枪到达这些位置，从示教器上读出这些坐标值，见表 2-4）。

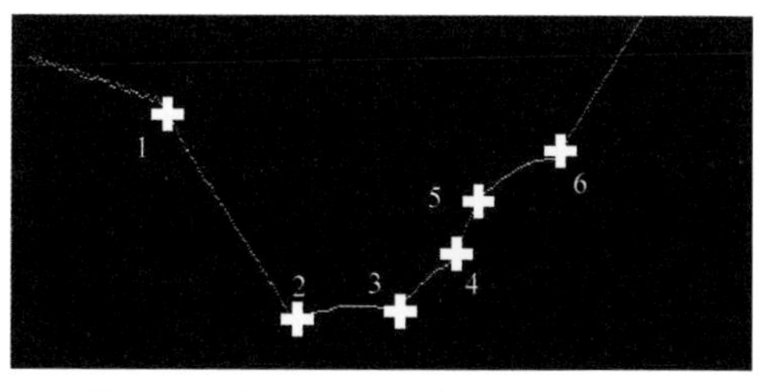

图 2-14　相机标定图像中的参考点

表 2-4　标定用的不同坐标系下的坐标值

标定点	图像坐标		世界坐标		
	x	y	x_w	y_w	z_w
1	157	435	486.607	1201.567	-226.774
2	256	553	486.605	1311.221	-458.823
3	337	546	486.611	1301.171	-536.553
4	386	486	486.609	1257.305	-544.314
5	426	455	486.539	1205.242	-546.027
6	491	449	486.542	1189.406	-556.416

2）设定初始参数值。根据相机特点和经验设定参数初始值如下：

$$\begin{aligned} x_0 &= [\alpha\ \beta\ c\ u_0\ v_0\ r_1\ r_2\ r_3\ r_4\ r_5\ r_6\ r_7\ r_8\ r_9\ t_r\ t_y\ t_z] \\ &= [1200\ 1200\ 15\ 125\ 96\ 0\ 0\ 0\ 0\ 0\ 0\ 0\ 0\ 0\ 110\ 110\ 150] \end{aligned} \tag{2-7}$$

3）利用 Matlab 工具箱计算参数。

$$K=\begin{pmatrix} \alpha & c & u_0 \\ 0 & \beta & v_0 \\ 0 & 0 & 1 \end{pmatrix}=\begin{pmatrix} 1204.8 & 13.224 & 124.567 \\ 0 & 1112.5 & 94.617 \\ 0 & 0 & 1 \end{pmatrix} \tag{2-8}$$

$$T=\begin{pmatrix} r_1 & r_2 & r_3 & t_x \\ r_4 & r_5 & r_6 & t_y \\ r_7 & r_8 & r_9 & t_z \end{pmatrix}=\begin{pmatrix} -0.0756 & -0.231 & -0.0569 & 98.632 \\ 0.00341 & -0.00845 & -0.653 & 99.646 \\ 0.216 & -0.476 & -0.758 & 149.036 \end{pmatrix} \tag{2-9}$$

$$H=\begin{pmatrix} -0.0713 & -0.335 & -0.0824 & 151.627 \\ -0.0473 & 0.0755 & -0.636 & 67.341 \\ 0.255 & -0.188 & -0.896 & 89.237 \end{pmatrix} \tag{2-10}$$

这里 $\boldsymbol{K}$ 和 $\boldsymbol{H}$ 是固定的；$\boldsymbol{R}$ 和 $\boldsymbol{T}$ 会随着视觉传感器安装位置的不同而不同。为了确定标定误差，提取了 10 幅焊缝轮廓图像及其特征点，同时记录了这些特征点在世界坐标系下的具体坐标值，将由标定转换的世界坐标值与之相比较，可以获取标定的平均误差，该误差为 0.15mm，满足焊接精度要求。

2.6　电弧区域的提取及作用

图 2-15 指示了激光条纹与 T 形接头焊缝轮廓的对应关系，图 2-16 所示为完整电弧与激光条纹同在一帧焊缝图像中。根据离线处理分析知，电弧区域的灰度值最高。利用这一特点可以方便地提取其轮廓，如图 2-17 所示。

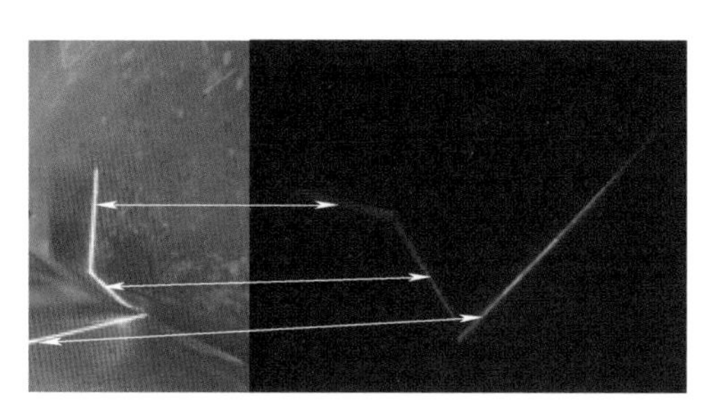

图 2-15 激光条纹与 T 形接头焊缝轮廓的对应关系

图 2-16 完整电弧与激光条纹同在一帧焊缝图像中

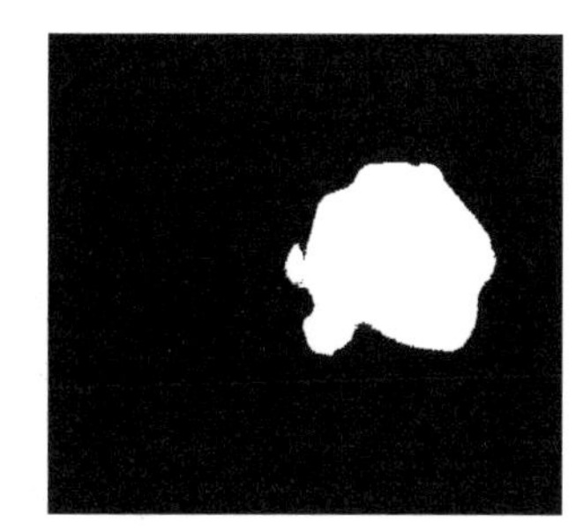

图 2-17 电弧区域

虽然完整电弧形貌不规范，但是对该区域求取的几何中心仍能准确反映焊枪的位置。图 2-18 显示了标记过程和效果。

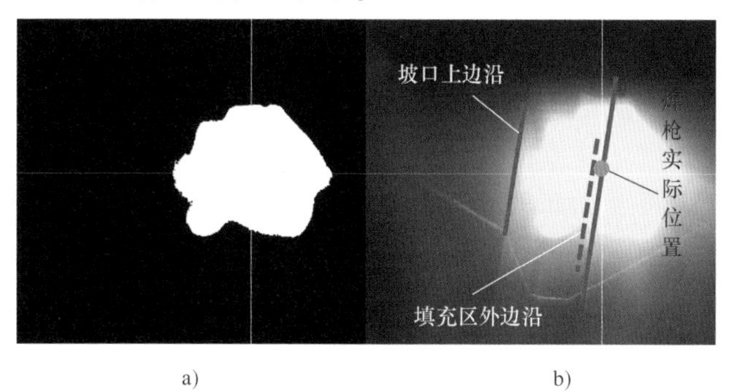

a)　　b)

图 2-18 电弧中心标记过程和效果

a）电弧中心　b）电弧中心在原始图中的位置

利用图 2-18a 中的几何中心来实时反馈焊枪位置时需要借助实时提取腹板的“坡口上边沿”。焊枪的位置在图 2-18b 中被指示出来。

2.7 基于视觉注意模型的激光条纹的提取

在亮度上激光条纹与电弧区域相比要低很多。要从如此强烈的干扰背景下提取激光条纹，传统的图像处理方法难以奏效。近年来视觉注意机制在计算机视觉研究领域是一项非常热的技术；其利用计算模型来模仿人类视觉系统的运行机制，主要目的在于如何从复杂的背景中选择显著目标。视觉注意模型的计算过程主要是将图像中的目标转换为不同量级的显著性，利用显著性的高低来对目标进行定位和搜索。目前经典的视觉注意模型主要有 Itti-Koch-Niebur 模型、Itti 模型、GBVS 模型和 Hou 模型。不同领域的图像处理结果显示，利用该模型来获取显著性高的目标时只能定位该目标的大致区域，不能用来精确获取轮廓跨度很大的目标（如激光条纹）。图 2-19 显示了利用经典视觉注意模型获取图 2-16 的显著性特征图。如果以提取激光条纹为目的来看，那么 Hou 模型产生的显著性图效果最好，但即使是采用该模型生成的显著性图来指导激光条纹的提取，后续处理过程将仍然非常困难。因此现有的视觉注意模型并不能直接解决本节的研究任务。然而该机制中用来计算目标显著性的一些方法却有助于激光条纹的提取。

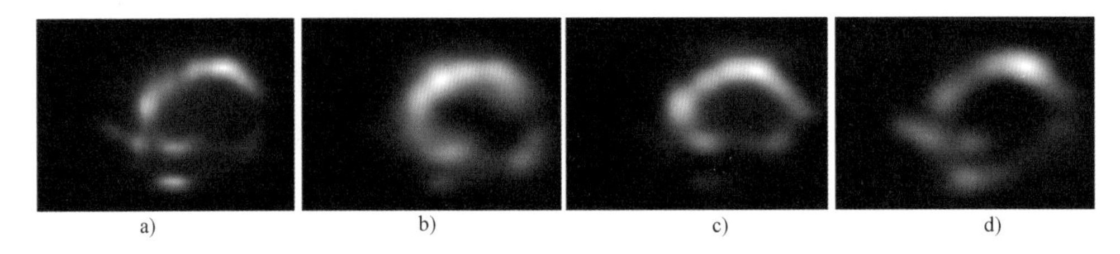

图 2-19　用经典的视觉注意模型获取的显著性特征图

a）GBVS 模型　b）Itti-Koch-Niebur 模型
c）Itti 模型　d）Hou 模型

几乎每个视觉注意模型中用来凸显感兴趣目标的视觉信息是方向和亮度。本节也将利用这两个方面的视觉特征信息来识别激光条纹，设计的视觉注意模型及激光条纹提取算法流程如图 2-20 所示，其主要是基于视觉突变性，属于数据驱动的 Bottom-up 型，简称为 VMVAM（visual-mutation visual attentiom model）。

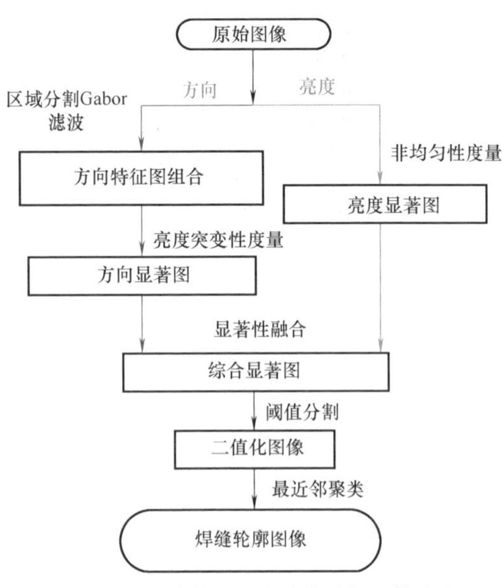

图 2-20　视觉注意模型及激光条纹提取算法流程

2.7.1　多区域多方向 Gabor 滤波

虽然 Gabor 滤波通过设置滤波方向角可以检测图像中具有方向信息的目标，但是其滤波结果对指定的方向角的敏感度却不十分明显，即同一滤波角度通常可以同时检测方向相近的目标，只是对这些方向相近目标增强的程度不同。由于本节中用来表征 T 形接头轮廓的激光条纹在方向上至少分为 4 段（图 2-21），所以利用 Gabor 滤波对图 2-16 中的激光条纹进行检测时需要设置不同的滤波方向角。为了确定不同的合适的滤波角度，可以借助电弧中心的位置先对激光条纹覆盖的区域进行分割，然后对分割后的不同区域通过离线图像处理试验来确定具体的滤波角度。研究中提出了多区域多方向 Gabor 滤波（multi-region and multi-orientation Gabor filtering，MRMOGF）来分段检测激光条纹的方向信息。式（2-11）和式（2-12）给出了 Gabor 滤波的表达式。

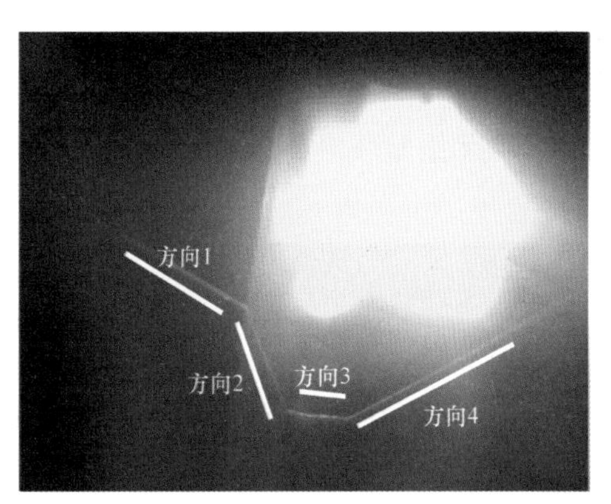

图 2-21　激光条纹方向信息

$$G(x,y)=\exp\left(-\frac{1}{2}\left[\left(\frac{x_o}{\sigma_x}\right)^2+\left(\frac{y_o}{\sigma_y}\right)^2\right]\right)\cos(2\pi f x_o) \tag{2-11}$$

其中：

$$\begin{aligned} x_o &= x\cos\theta+y\sin\theta \\ y_o &= y\cos\theta-x\sin\theta \end{aligned} \tag{2-12}$$

这里 f 是滤波频率，设置为 1/7.82；θ 是滤波角度；σ_x、σ_y 是标准方差，设置为 $\sigma_x=\sigma_y=4.12$。上述各参数的设置是经过大量的图像处理试验得出的。值得指出的是，这些参数不仅适用于处理 T 形接头的激光条纹轮廓，还适用于其他各种接头形式下的激光条纹的方向检测。图 2-22 显示了不同滤波角度下的 Gabor 滤波效果。

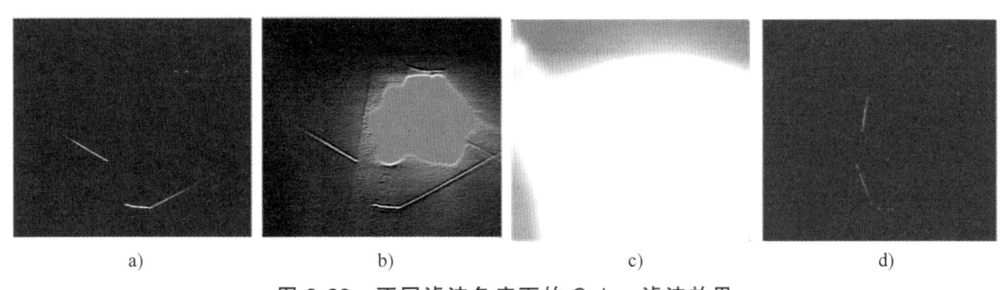

a)　b)　c)　d)

图 2-22　不同滤波角度下的 Gabor 滤波效果

a）$\theta=0°$　b）$\theta=13°$　c）$\theta=45°$　d）$\theta=90°$

由图 2-22 可见，方向 1、3 和 4 的激光条纹在滤波方向设置为 0°时可以被很好地检出，而方向 2 的激光条纹和接头的上边沿在滤波方向设置为 90°时可以被检出。将指定的不同滤波角度下的滤波结果按照一定的区域组合起来可以达到两个目的：第一，可以尽可能地将各段激光条纹检测出来，尽可能地减少轮廓的关键信息

(如特征点)的丢失;第二,可以最大限度地避开干扰。因此将不同区域不同方向的 Gabor 滤波结果组合起来,以最终获取完整焊缝轮廓信息是有必要的。图 2-23 显示了自动进行区域划分的结果。

就激光条纹提取而言,区域 1 可以直接处理为背景(灰度值为 0);区域 2 进行 90°Gabor 滤波处理;区域 2 和区域 3 进行 0°Gabor 滤波处理。滤波后的组合为:$\text{Gabor}_{\text{Region2}}^{90°}+\text{Gabor}_{\text{Region2+Region3}}^{0°}$,效果如图 2-24 所示,称为方向特征图。

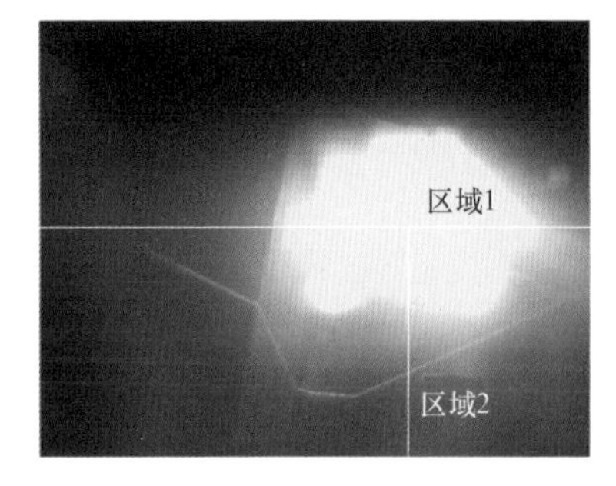

图 2-23　区域划分结果

图 2-24　多区域多方向 Gabor 滤波组合结果

结果显示,在方向 1、3 和 4 的激光,其特征信息能从背景中很好地“凸显”出来,但是方向 2 处的激光段有所缺失。为了尽可能地解决上述问题,将进行如下处理。

2.7.2　非均匀性度量

通过数据分析发现,在列方向上位于背景处的相邻像素之间的灰度值基本没有变化,是均匀的,而在激光条纹和焊缝上边沿的区域,相邻像素的灰度值变化较大,是非均匀的。图 2-25a 选取了 3 个不同位置的列进行数据分析,图 2-25b～d 给出了这 3 列灰度值的分布特点。利用这一灰度分布特点,可以设计相关算法来进一步凸显激光条纹。将这一处理称为“非均匀性检测”或“非均匀性度量”(non-uniformity measurement, NUM)。

式(2-13)表达了非均匀性检测。

$$F_i^{\text{New}}(x,y)=\begin{cases} F_i^{\text{Old}}(x,y)\cdot\dfrac{1}{1+\exp\left(-\dfrac{F_i^{\text{Old}}(x,y)}{\Delta F_i(x,y)}\right)}, & T\geqslant T_{\text{r}} \\ F_i^{\text{Old}}(x,y)\cdot\dfrac{1}{1+\exp\left(-\dfrac{F_i^{\text{Old}}(x,y)}{\Delta F_i(x,y)}\right)}+F_i^{\text{Old}}(x,y), & T<T_{\text{r}} \end{cases} \tag{2-13}$$

式中,$F_i^{\text{Old}}(x,y)$ 表示原始图像;$\Delta F_{i1}=\left|F_i^{\text{Old}}(x,y)-F_i^{\text{Old}}(x-1,y)\right|$;$\Delta F_{i2}=$

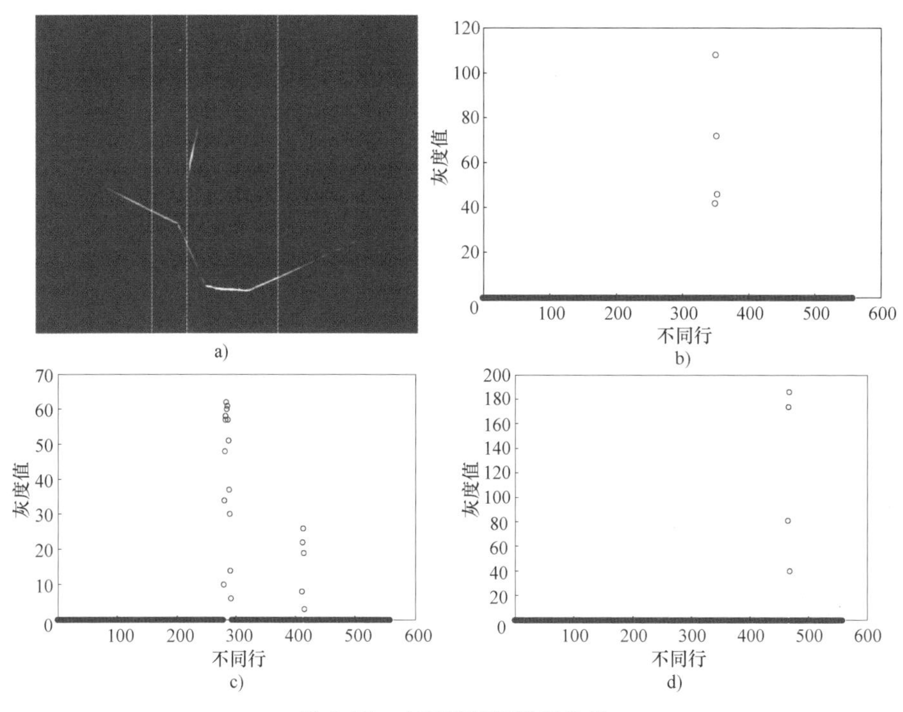

图 2-25　方向特征图数据分析

a）选取图 2-24 不同列的数据用于分析　b）211 列的数据　c）265 列的数据　d）409 列的数据

$|F_i^{\text{Old}}(x+1,y)-F_i^{\text{Old}}(x,y)|$；$\Delta F_i=\dfrac{\Delta F_{i1}+\Delta F_{i2}}{2}$描述的是相邻像素灰度值的平均改变量，其值越大表示处理后对应的灰度值要增强。$T=\dfrac{\min(\Delta F_{i1},\Delta F_{i2})}{\max(\Delta F_{i1},\Delta F_{i2})}$描述的是相邻像素灰度值改变量的均匀性，其值越大表示相邻像素灰度值越均匀（背景中相邻像素灰度值改变量的均匀性为 1）。设置均匀性的阈值为：$0<T_r<0.8$，将图 2-24 进行非均匀性度量（NUM）处理，结果如图 2-26 所示，将其称为方向显著图。通过与原图对比，在方向 2 所处的激光条纹的灰度值较之以前有所增强。

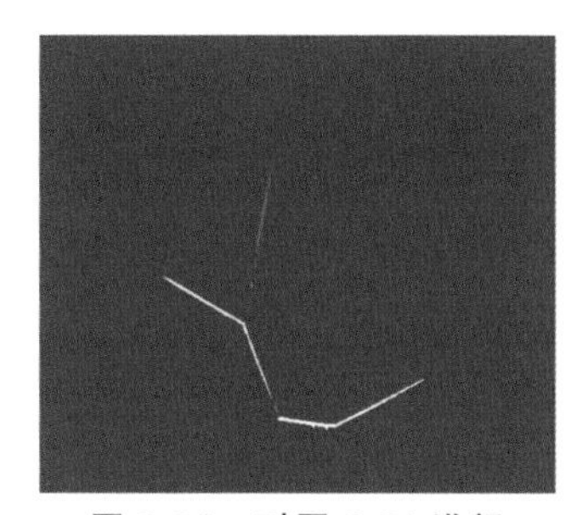

图 2-26　对图 2-24 进行非均匀性度量的效果

2.7.3　亮度突变性度量

为了进一步增强方向 2 所处的激光条纹的亮度，可以将原始焊缝图像从亮度特征来进行相关的处理。当一帧焊缝图像进入人眼视场时，在没有任务驱动的情况下首先被注意到的是电弧区域，当然眼睛最终也会被激光条纹吸引。在这一过程中，我们关注的不是眼睛首先被哪个区域吸引，而关注的是为什么被吸引。很显然，激光条纹能吸引我们的除了有明显的方向性特征外，还因其轮廓与周围小区域的背景相比在亮度方面有一个突变。为将这一区域亮度的突变描述出来，本节利用相邻区域亮度的改变率设计了一种检测激光条纹的算法，称为亮度突变性度量（Intensity mutation measurement，IMM）。实验证明该算法对不同视觉传感器采集的激光条纹的检测都有效。式（2-14）~式（2-17）给出了该突变性度量方法。

$$f'(i,j)=\begin{cases}f(i,j)\,|k_j(i)|\,a^{k_j(i)}/\max[a^{k_j(i)}], & |k_j(i)|>\text{temp}\\ f(i,j)[\,|k_j(i)|/\text{temp}]\,a^{k_j(i)}/\max[a^{k_j(i)}], & |k_j(i)|\leqslant\text{temp}\end{cases} \tag{2-14}$$

$$k_j(i)=\frac{\dfrac{\overline{f(i+1,j)}-\overline{f(i-1,j)}}{2}+\dfrac{\overline{f(i+2,j)}-\overline{f(i-2,j)}}{4}+\dfrac{\overline{f(i+3,j)}-\overline{f(i-3,j)}}{6}+\dfrac{\overline{f(i+4,j)}-\overline{f(i-4,j)}}{8}}{4} \tag{2-15}$$

$$\overline{f(i,j)}=\frac{\sum_{x=0}^{2}f(i-x,j)}{3} \tag{2-16}$$

$$\text{temp}=\sum_{j}^{n}\sum_{i}^{m}k_j(i),\ k_j(i)\neq 0 \tag{2-17}$$

式中，$k_j(i)$ 是第 j 列不同行 i 的亮度的突变；$a^{k_j(i)}/\max[a^{k_j(i)}]$ 是对这一突变进行放大和归一处理，设置 $a=3$；$f(i,\ j)$ 是原始焊缝图像；$f'(i,\ j)$ 是处理后的图像；m 是每列 $k_j(i)$ 的数目；n 是激光条纹在原始焊缝图像中能覆盖的大致列的数目（可以根据电弧区域覆盖的列的数目自动地大致确定即可）。

为了减少时间开销并尽可能避开干扰，只对方向 2、3 处的激光条纹进行度量（因为方向 1、4 处的激光条纹在进行方向特征提取时已经能被很好地检出）。对图 2-16 进行亮度突变性度量，过程如图 2-27a、b 所示，度量结果如图 2-27c 所示，将其称为亮度显著图。亮度突变性的度量结果显示，在方向 2 处的激光条纹被进一步凸显出来。

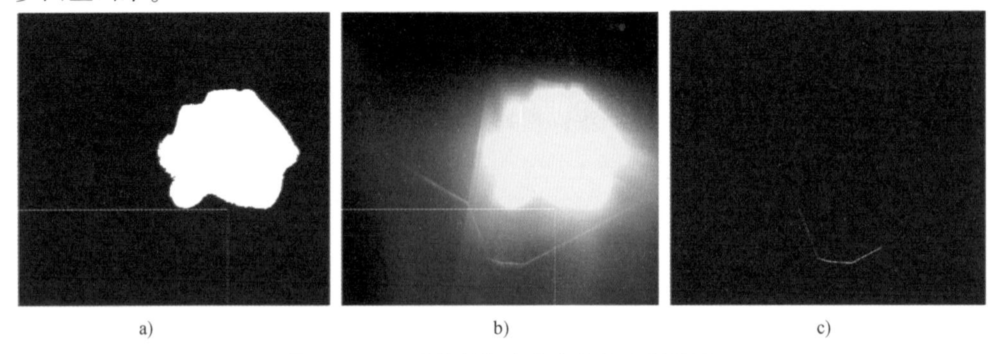

a)　　b)　　c)

图 2-27　区域分割与亮度突变性度量结果

a）亮度突变性度量范围的自获取　b）自获取范围的效果　c）亮度突变性的度量结果

另外，该算法也能用于多种激光条纹焊缝图像。图 2-28 选取了不同条件下采集的激光条纹图像，并给出了相应的度量效果。

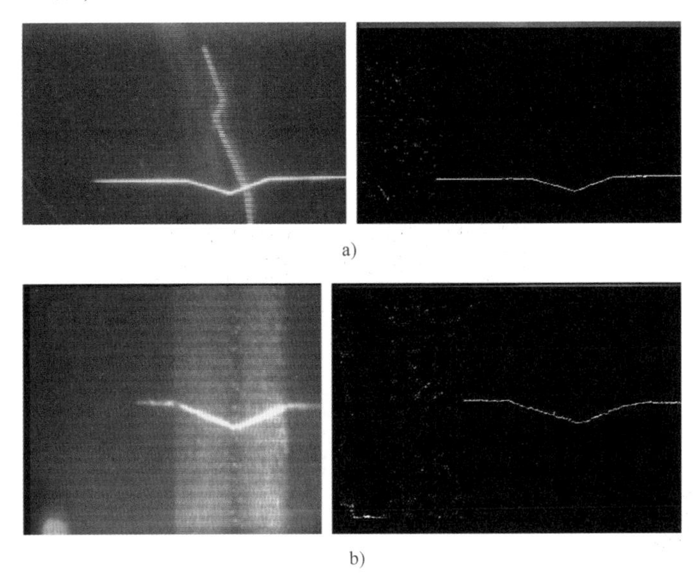

图 2-28　其他焊缝图像验证亮度突变性检查效果

a）陆地上激光条纹焊缝图像及亮度突变性检测结果　b）水下焊接激光条纹焊缝图像及亮度突变性检测结果

2.7.4　综合显著图的生成

这里的综合显著图指的是由方向显著图和亮度显著图进行组合的结果。目前线性组合是常用的组合方式之一。本节采用线性组合的方法来生成综合显著图，组合方法见式（2-18）。

$$F_c(x,y)=\frac{1}{2}[F_i^{New}(x,y)+f'(x,y)] \tag{2-18}$$

将图 2-26 和图 2-27c 进行上述线性组合，处理的结果如图 2-29a 所示。将图 2-29a 进行 OTSU 分割获得的二值图像如图 2-29b 所示。

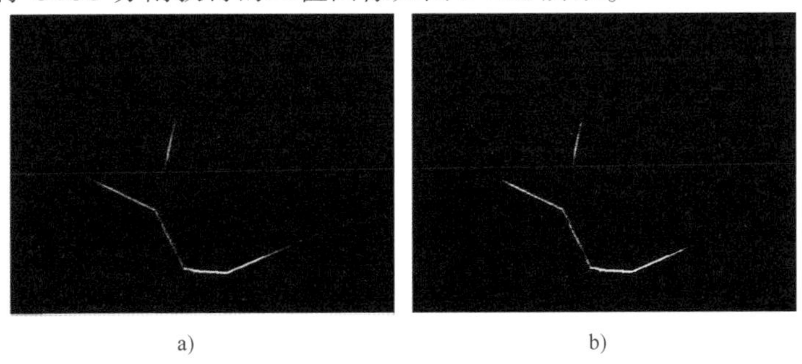

图 2-29　综合显著图及阈值分割

a）综合显著图　b）OTSU 阈值分割结果

2.7.5 基于聚类的干扰数据的去除

综合显著图经过 OTSU 分割后可能存在干扰数据，且一定存在与腹板坡口上边沿对应的数据，如图 2-30 所示。这些干扰数据的位置和空间跨度都是随机的，采用面积滤波来去除它们时面积阈值难以设定。本节通过大量图像处理试验分析，提出采用最近邻聚类来去除上述干扰。去除干扰的流程如图 2-31 所示。

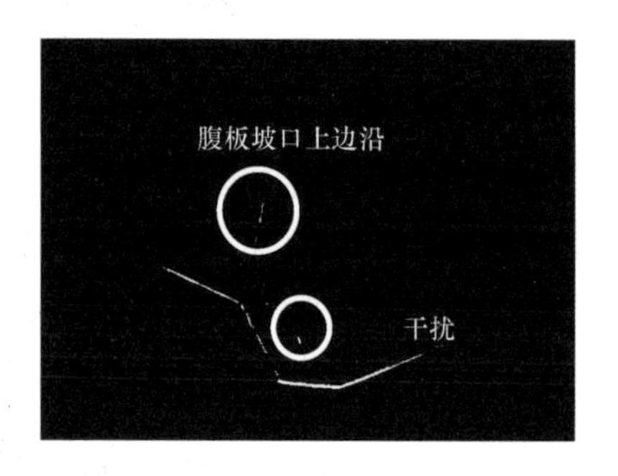

图 2-30 干扰背景下的激光条纹

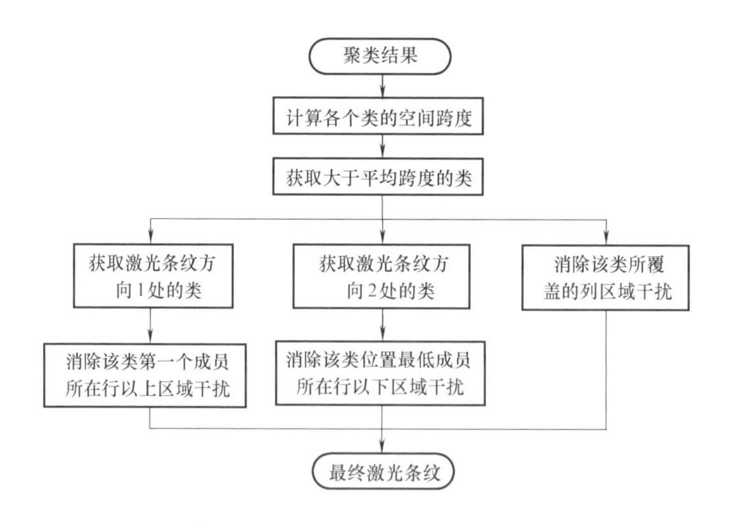

图 2-31 采用最近邻聚类消除干扰的激光条纹提取流程图

1. 最近邻聚类

最近邻聚类属于无监督聚类，可以获取任意类别数目的聚类结果，需要设置指导聚类的距离阈值。最近邻聚类有多种算法，不同之处在于如何计算待聚类的数据与已完成聚类的数据之间的最近距离。这里将该最近距离的计算设置为待聚类数据与所有已完成聚类的数据之间的最小距离，将待分类的数据归入满足上述最小距离的类别中。另外将距离阈值设置为 2，以尽可能让干扰数据与激光条纹分离开来。将图 2-30 的数据进行聚类，结果如图 2-32 所示。

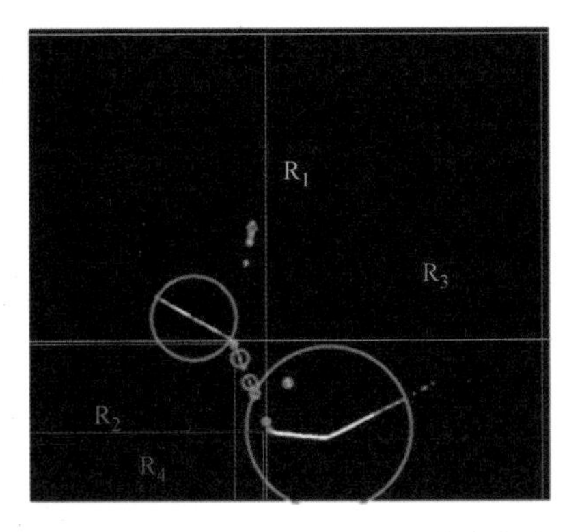

图 2-32　最近邻聚类结果（圆圈代表每个类）

2. 干扰的消除方法

聚类完成后可以根据类的成员数目或者该类的空间跨度来消除干扰，但是这些方法都要设置相应的阈值，而这些阈值往往难以设定。本节根据聚类结果中类的空间跨度来间接消除干扰。在获取所有的空间跨度超过平均空间跨度的类后消除干扰分三个方面。其一，获取“方向 1”处激光条纹所在的类满足：①该类属于空间跨度超过平均空间跨度的类别；②该类的成员，其竖直方向的坐标是单调的。根据这两个条件较容易获取方向 1 处激光条纹所在的类，如图 2-32 标注的类别“1”。当该类数据成员被提取后以其最后一个成员数据所在的行坐标和列坐标来消除干扰，消除干扰的范围如图 2-32 中的 R_1 和 R_2。其二，获取跨度最大且位置最低的类，其即为方向 3、4 处的激光条纹数据所在的类，如图 2-32 中的类别“2”。以该类第一个数据成员所在的位置来消除干扰，消除的范围如图 2-32 中的 R_3 和 R_4。当上述两个方面的消除干扰措施完成后，只有“方向 2”处激光条纹周围的一小块矩形范围内的干扰不能被消除。其三，将空间跨度大于平均空间跨度的类所覆盖的纵向区域的干扰消除，只保留自身数据，这样可以进一步消除可能位于方向 2 处激光条纹数据上下区域的干扰。大量的图像处理试验显示，通过上述三步消除干扰的处理，激光条纹被提取的成功概率大于 95%。对图 2-32 消除干扰，结果如图 2-33 所示。

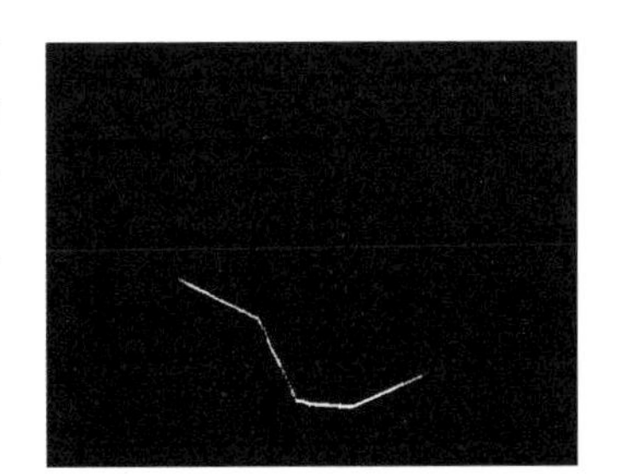

图 2-33　激光条纹提取结果

至此，激光条纹最终被提取。为了验证所提出算法的有效性，利用不同焊道下采集的焊缝图像及不同接头形式的焊缝图像进行了激光条纹提取试验，结果如图 2-34 所示。

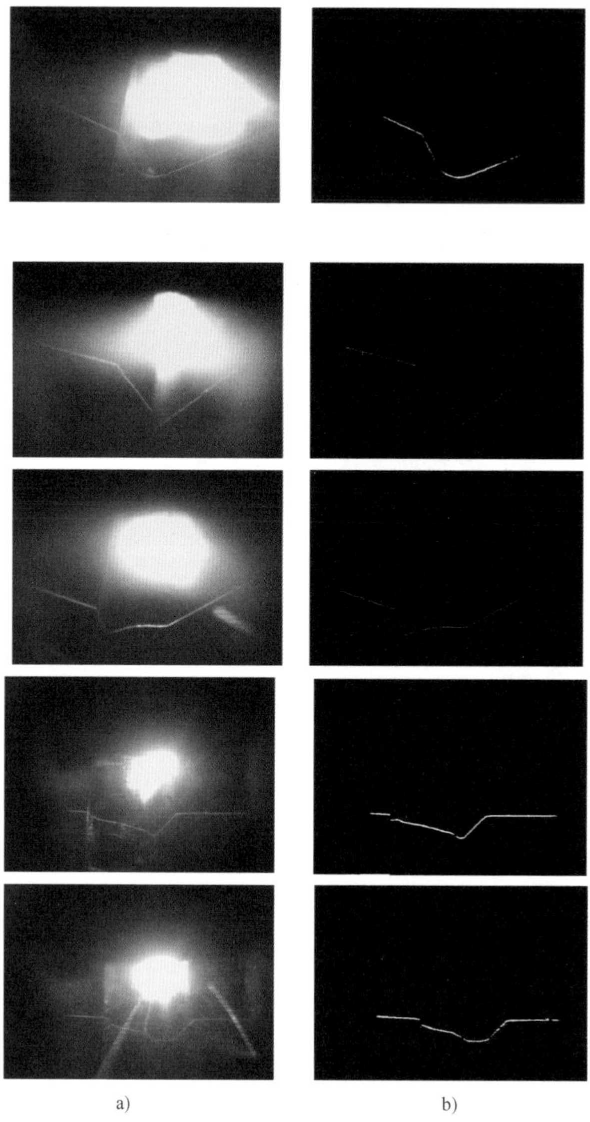

a)　　　　　b)

图 2-34　选取不同焊道及弧光干扰图像验证算法结果

a）原始焊缝图像　b）提取的激光条纹

上述试验结果显示不同形貌和干扰下的激光条纹主要轮廓信息基本能够被提取，且基于 VAM 的目标提取方法不仅仅适合于 T 形接头焊缝轮廓，对于对接接头的激光条纹也能适用，因此本章提出的算法是有效的。

2.8　T 形接头腹板上边沿轮廓线的提取

T 形接头腹板坡口上边沿轮廓线的位置如图 2-30 所示，其方向信息可用于后续研究中计算焊枪实时位置与跟踪点的偏差，且能降低传感器因径向畸变带来的跟踪误差（在第3章中将详细介绍），因此有必要对其单独提取。根据上文 Gabor 滤波的结果分析，当滤波角度设置为大约 90°时可以使腹板坡口上边沿凸显出来，同时最大限度消除了其他干扰和激光条纹。Gabor 滤波后对属于腹板坡口上边沿数据的提取过程如图 2-35 所示。选取图 2-16 作为试验对象，提取过程和结果如图 2-36 所示。

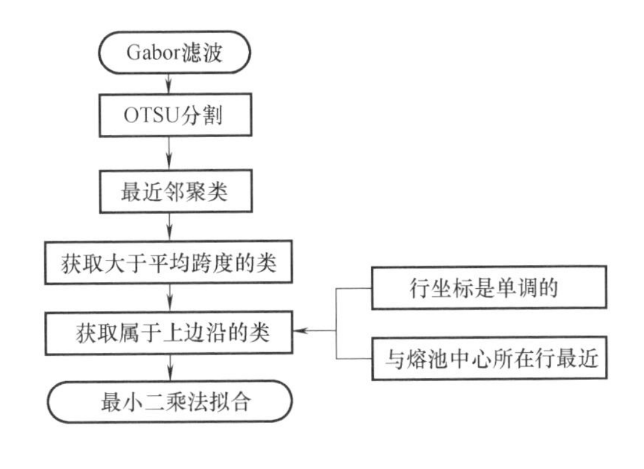

图 2-35 T 形焊缝上边沿提取流程

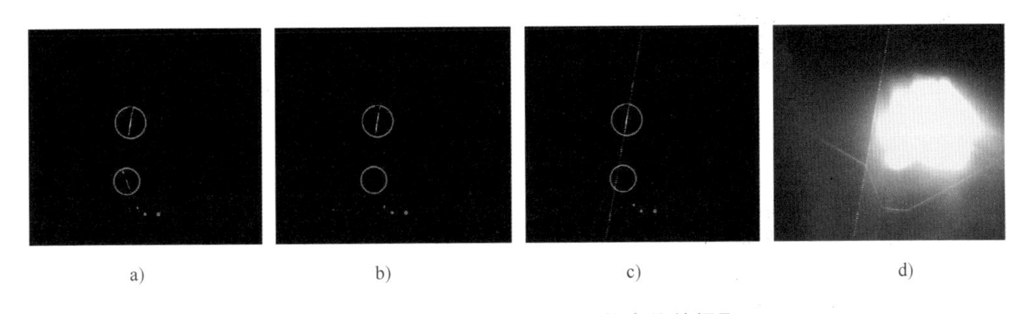

图 2-36 T 形接头腹板上边沿轮廓线的提取

a）提取跨度超过平均跨度的类 b）提取 T 形接头上边沿的类 c）最小二乘法拟合结果
d）在原始焊缝图像中的拟合效果

2.9 斜率突变点的提取

焊缝轮廓的斜率突变点（SMP）指的是轮廓上斜率发生较大改变的位置。这里将 SMP 作为特征点。显然该特征点能较好地表征焊缝轮廓形貌的局部变化，与人眼在经验知识引导下定位的位置最为接近。为了自动检测斜率发生突变的位置，必须设定合适的斜率改变量的阈值。虽然经过离线试验处理可以获取这一近似阈值，但该阈值不一定对所有不同焊缝下的轮廓特征点的提取都有效。因此如何自动获取这一阈值是提取特征点的第一个问题。实际操作中为计算焊缝轮廓上各点的斜率，须对焊缝轮廓进行细化处理（每列位置焊缝轮廓最多只有一个数据点）。但是由于数据是离散的，当提取的激光条纹在焊缝位置处有部分缺失时，利用细化后的数据提取突变点时有伪突变点。为了避免这种情况发生，需要进行有效的预处理，这是第二个问题。为了解决上述两个问题，本节提出了基于斜率单调区间跨度分割（span segmentation of slope monotone intervals，SSSMI）的突变点的提取方法。图 2-37 介绍了斜率突变点的提取步骤。

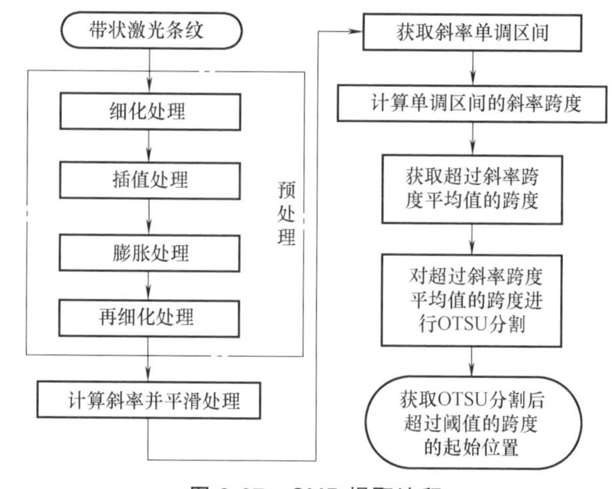

图 2-37　SMP 提取流程

2.9.1　焊缝轮廓预处理

对焊缝轮廓曲线计算斜率时一般使用的是线状焊缝，即经过细化处理为线状形式。为了使线状焊缝平滑且连续，先要将线状焊缝进行 B 样条插值以补全丢失的轮廓，然后进行膨胀处理，最后再进行细化处理。选取图 2-34 中部分已提取的激光条纹进行试验，预处理的结果如图 2-38 所示。

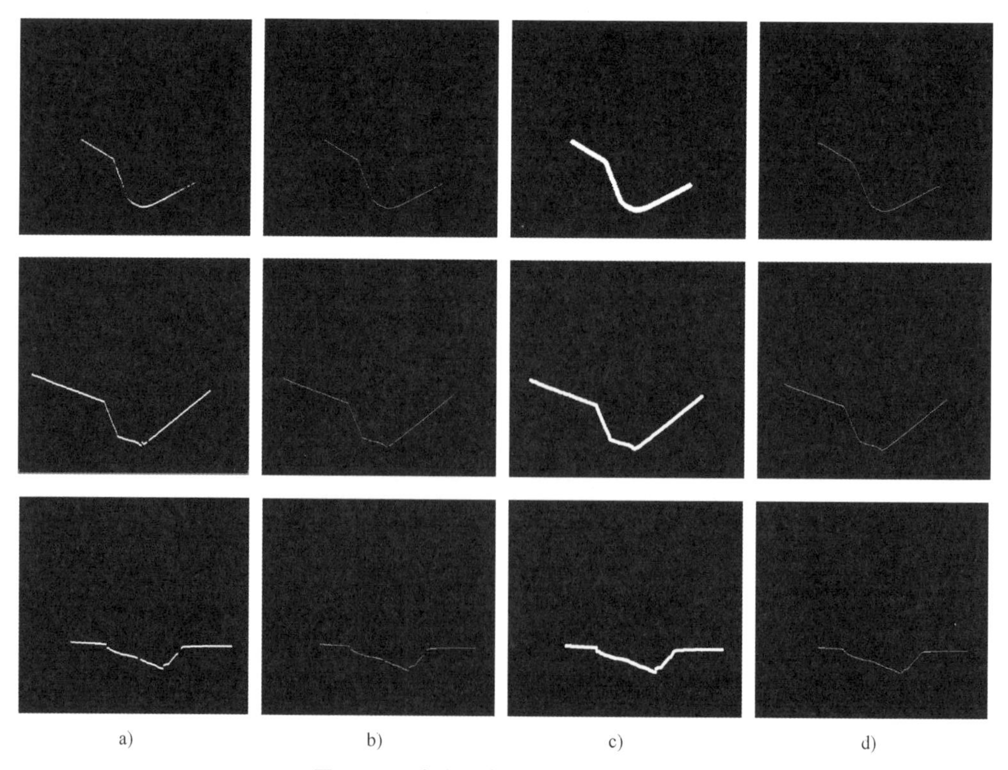

图 2-38　试验图像预处理过程和结果

a）原始激光条纹　b）细化结果　c）插值膨胀结果　d）再次细化

2.9.2　斜率计算与平滑

为了准确计算焊缝轮廓中每个数据点处的斜率，采用斜率平均值法

$$k_{j-7}=\frac{\sum_{i=1,3,5,7}\frac{y(j-i)-y(j+i)}{x(j+i)-x(j-i)}}{4}(j>=8) \tag{2-19}$$

式中，$y(j)$ 表示轮廓上数据点所在行的坐标；$x(j)$ 表示相应数据所在列的坐标。在计算斜率时同步保存记录与斜率对应的数据的坐标。

在斜率计算完成后，为了消除斜率的随机性，需要将其进行平滑处理。经过大量的特征点提取试验发现，当平滑窗口设置为 5 以上时特征点提取更为准确。图 2-39 显示了图 2-38d 中各线状焊缝轮廓的斜率。

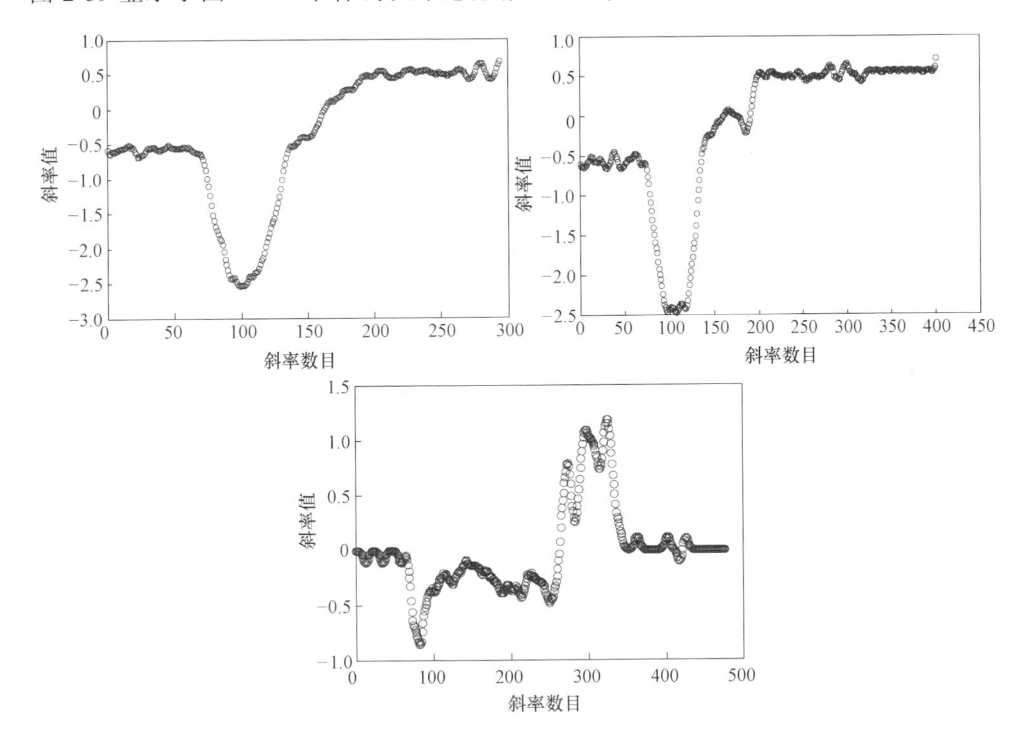

图 2-39　图 2-38d 中各线状焊缝轮廓对应的斜率

2.9.3　斜率单调区间的获取

斜率数据分布图显示，焊缝轮廓中斜率发生突变的位置接近于斜率单调区间的中间位置。斜率突变量越大，对应单调区间内斜率的跨度（区间首尾位置对应的斜率之差）就越大。只要获取所有单调区间，然后选择出斜率跨度大的区间就可

以获取斜率突变的位置，最终确定斜率突变点。单调区间满足：$k(i)<k(i+1)<k(i+2)$或者$k(i)>k(i+1)>k(i+2)$。图 2-40 给出了斜率单调区间及斜率突变点的获取示意图。

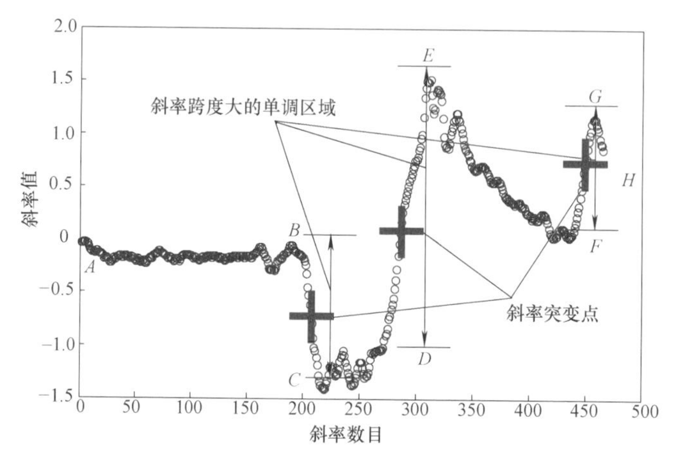

图 2-40 斜率单调区间及斜率突变点的获取

+表示单调区间中心位置

2.9.4 单调区间斜率跨度的 OTSU 分割

在获取所有的单调区间及其对应的斜率跨度后，接下来需自动选择出跨度大的区间。这一过程分两步：首先，获取所有单调区间斜率跨度的平均值，然后确定跨度超过该平均值的单调区间；其次，对上一步获取的单调区间的斜率跨度进行 OTSU 分割，从中选择出超过 OTSU 分割产生的阈值的斜率跨度，从而确定对应的单调区间。这些单调区间的中间位置即为斜率突变点的位置。对图 2-38d 进行斜率突变点提取，结果如图 2-41 所示。

图 2-41 不同焊缝轮廓斜率突变点提取结果

从提取结果看，斜率突变点的数目与人眼确定的数目类似。突变点的位置与实际点的位置平均相差 3 个像素。该误差的产生来自斜率计算公式而不在算法本身。因此如何更好地设计斜率计算是改进上述方法的方向之一。

2.10　焊缝轮廓局部极值点的提取

如前所述，厚板焊接涉及摆动焊接，每一道焊接采用的摆幅可能有所不同，如何根据焊缝轮廓视觉信息自动判断需要的摆幅是一项值得研究的问题。通过分析发现，利用上述提取的斜率突变点（SMP）以及轮廓上的局部极值点（LEP）之间的位置信息有助于这一问题的解决（局部极大值与极小值之间的距离，或者极值点与突变点之间的距离可以决定下次摆动焊接的摆幅）。本节讨论的有效提取轮廓的LEP，可为摆动方式焊接的自动化、智能化打下一点基础。

与用函数表达式描述连续曲线的极值点相比，离散曲线上的局部极值点易受焊缝轮廓上局部不规则数据点的影响，两种曲线的极值点的描述形式不同。同时由于极值点是根据斜率来定义的，离散曲线形式下的斜率计算结果只能无限接近连续曲线中用公式计算的结果。

研究中采用式（2-19）来计算斜率，然后采用平滑滤波处理（通过试验确定滤波窗口的大小，窗口长度设置为9以上效果较好）。离散数据下将局部极值点定义为：

$$\begin{cases} k(i)>0 \quad 且 \quad k(i+1)<0 \\ k(i)>0 \quad 且 \quad k(i+1)>0 \end{cases} \tag{2-20}$$

式（2-20）描述了极大值和极小值的定义。另外设定LEP只位于最左边和最右边的突变点之间。对图2-38d进行LEP提取，结果如图2-42所示。

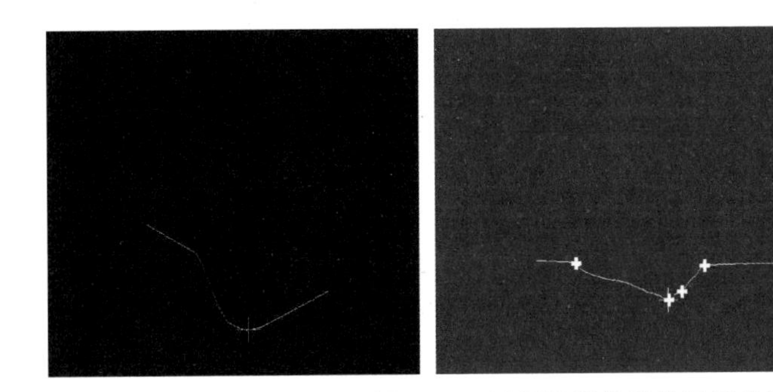
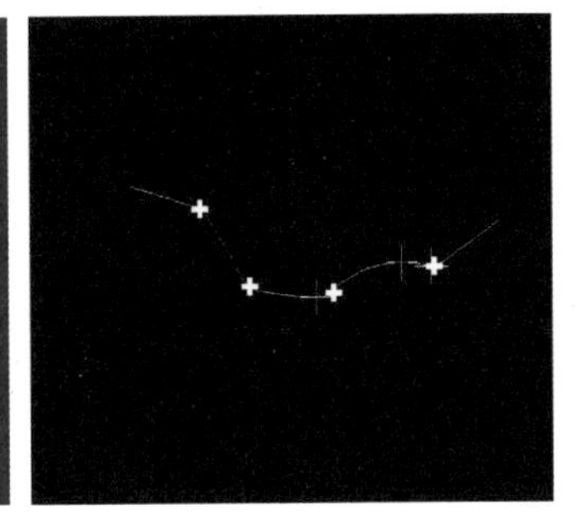

图2-42　不同焊缝轮廓的极值点提取结果

2.11　焊缝轮廓特征点提取算法有效性的验证

斜率特征点提取算法的验证包括两个方面，一是离线验证，二是在线验证。离线验证主要考察SSSMI算法的有效性和普适性，在线验证主要检验算法的实时性，同时检测外围软件运行的稳定性。所有特征点提取后，检查各特征点在图像中的横坐标 h 和纵坐标 l 的值是否满足：$100<h<384$，$136<l<436$。本节只给出了离线验证

SSSMI 算法的有效性和普适性的情况。

为验证关于 SMP 和 LEP 提取算法的有效性，选用了两种典型的焊缝轮廓图像来进行试验。一种是 T 形接头不同焊道下的焊缝轮廓，另外一种是 V 形焊缝不同焊道下的轮廓图像。

首先采用 T 形接头不同焊道下的焊缝轮廓。选用的图像和 SMP、LEP 提取的结果如图 2-43～图 2-45 所示。

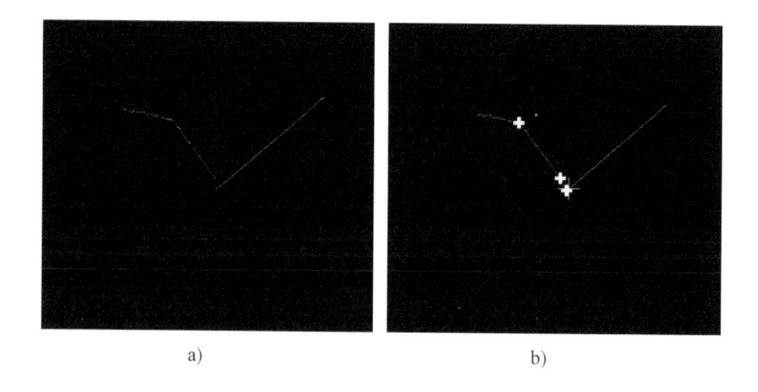

图 2-43　3mm 打底焊缝轮廓及 SMP、LEP 的提取结果

a）3mm 打底轮廓　b）识别的 SMP、LEP

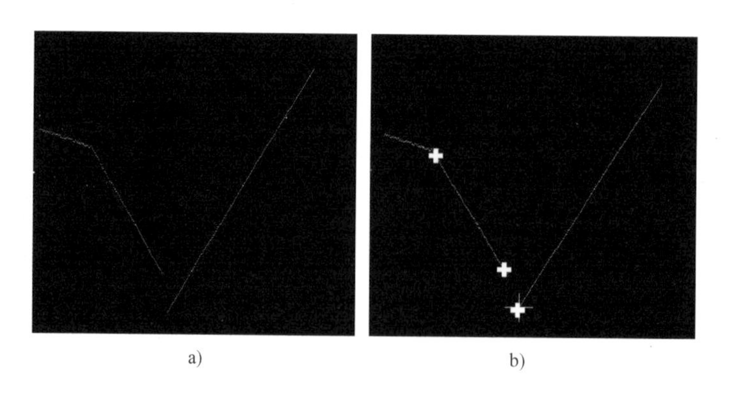

图 2-44　5mm 打底焊缝轮廓及 SMP、LEP 的提取结果

a）5mm 打底轮廓　b）识别的 SMP、LEP

然后选用 V 形焊缝不同焊道的轮廓来进一步验证特征点识别算法的有效性。选取的轮廓及其特征点识别结果如图 2-46 所示。

图 2-43～图 2-46 中不同焊道下焊缝轮廓及不同接头形式下的焊缝轮廓特征点的提取试验结果显示，本章提出的 SSSMI 算法可以有效获取不同焊缝轮廓形貌下的特征点，鲁棒性较强。

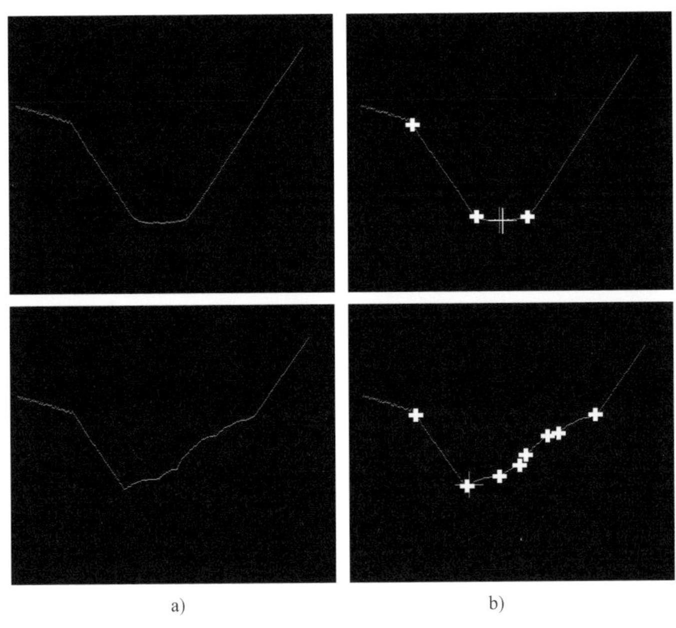

图 2-45　填充焊提取的不同轮廓及 SMP、LEP 提取结果

a）不同焊道轮廓　b）识别的 SMP、LEP

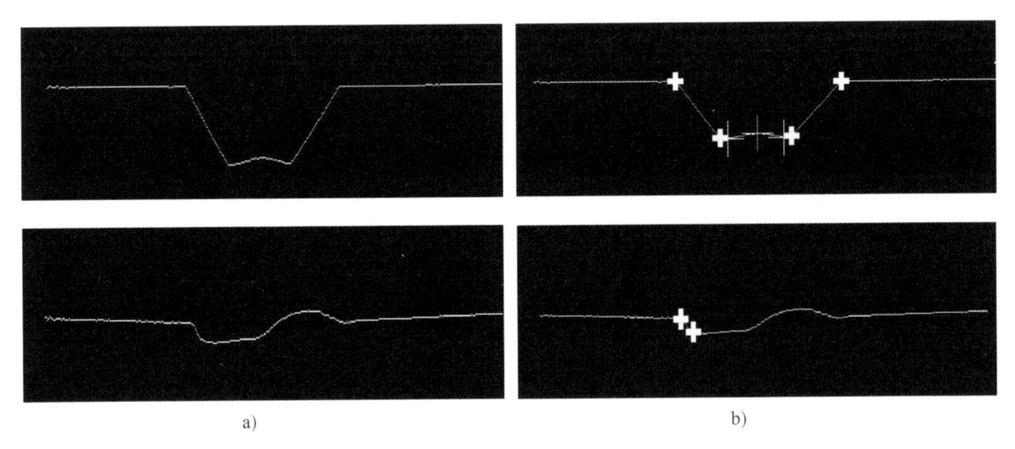

图 2-46　两种典型 V 形接头焊缝轮廓及其识别的特征点

a）不同焊道轮廓　b）识别的特征点

2.12　本章小结

单机器人跟踪控制视频

1）利用电弧在整幅图像中的位置信息，提出了多区域多方向 Gabor 滤波（MRMOGF）以检测激光条纹的方向特征信息。该方法能从方向信息上分段增强激光条纹，同时可以最大限度地消除干扰

带来的影响。

2）利用原始焊缝图像的数据特点，设计了亮度突变性检测度量（IMM）。该算法从亮度特征信息入手，可以有效用于激光条纹的增强。通过图像处理试验验证了 NUM 和 IMM 算法可以用于任何 8bit 的焊缝图像中激光条纹的提取。

3）利用综合显著图，提出采用 OTSU 分割结合最近邻聚类算法消除干扰最终获取激光条纹。

4）提出采用 Gabor 滤波获得的方向特征信息，结合最近邻聚类算法提取 T 形接头腹板上边沿轮廓。

5）激光条纹以及 T 形接头腹板上边沿轮廓线的提取的试验结果显示，方向信息是焊缝图像中感兴趣目标区域提取首先要考虑的有效信息。

第3章　机器人焊接自主导引与跟踪

3.1　引言

由于机器人焊接的特殊性和复杂性，目前国内外实际焊接生产使用的机器人，总的来说绝大多数还是“示教-再现”型的“盲人”机器人，这种类型的机器人对于焊接环境的一致性要求异常严格，其焊接路径和相关参数都是需要预先设置的。但是在实际的焊接中常常因为存在变形、变散热、变间隙、变错边、工件加工误差和装配误差等因素造成焊缝位置和尺寸的变化，导致焊缝和示教轨迹有偏差。由于“示教-再现”型机器人对示教轨迹偏差没有适应性，不具备焊接导引和焊缝的实时跟踪控制功能，影响焊缝成形质量，难以满足现代企业对装备焊接制造高质量、高效率的需求，限制了它在装备焊接制造上的大范围应用。要让机器人模拟熟练焊工进行智能化焊接，就必须给“盲人”机器人安装“眼睛”和“大脑”，其中机器人的“眼睛”就是视觉传感系统，“大脑”就是机器人跟踪控制系统，让机器人能够自主导引、寻找初始焊位并对焊接过程进行实时焊缝跟踪控制。

在机器人焊接自动化研究中，焊缝的实时跟踪控制最为关键，它也一直是焊接领域研究的热点问题之一。目前的焊缝跟踪系统主要由传感系统、控制系统和执行机构三部分组成，它通过传感系统实时检测焊接过程状态信息，并对获取的信息进行实时处理，提取出特征值，主要是焊缝偏差值，从而对机器人的焊接轨迹进行实时跟踪控制。

对于视觉传感方式，国内外学者做了大量的研究，但真正在机器人焊接质量实时在线跟踪控制中实现商品化的成果并不多。目前，利用主动视觉传感方式商品化最成功的是加拿大的 Servo-robot 公司和英国的 Meta 等公司，他们利用激光和 CCD 摄像机相结合针对不同应用场合研制出了相关的机器人焊接传感器，相关商品已经投入市场销售，但价格十分昂贵，这些传感器价格甚至远高于机器人本体的价格，如图 3-1 和图 3-2 所示。

传统“示教-再现”型机器人对充满变化的实际生产环境缺乏自适应能力，无法对焊接生产过程中的变化做出自适应决策。通过视觉传感的方式对焊接工作空间进行重建，识别工件位置，并将焊枪准确移动到初始焊接位置，在引弧后控制机器人保持对焊缝的跟踪。这样提高了机器人的自主焊接水平，解决人工示教效率低的问题。安装多功能智能化视觉系统，是实现智能化机器人焊接的重要手段之一。

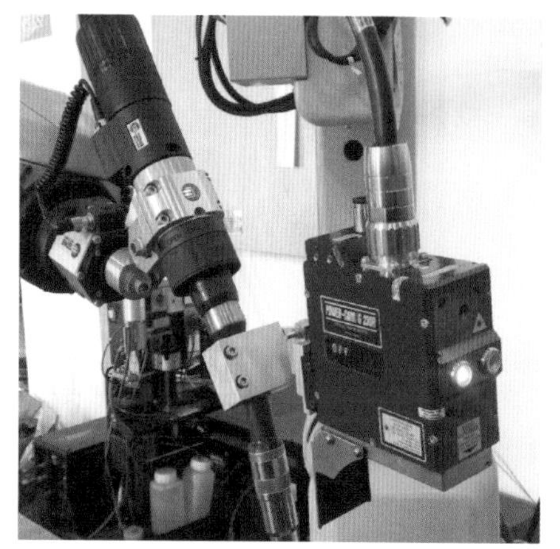

图 3-1　加拿大 Servo-robot 公司的激光视觉传感器

图 3-2　英国 Meta 公司的激光视觉传感器

3.2　导引与跟踪系统

图 3-3 所示为焊接机器人导引与跟踪系统，整套系统由工业机器人、焊接电

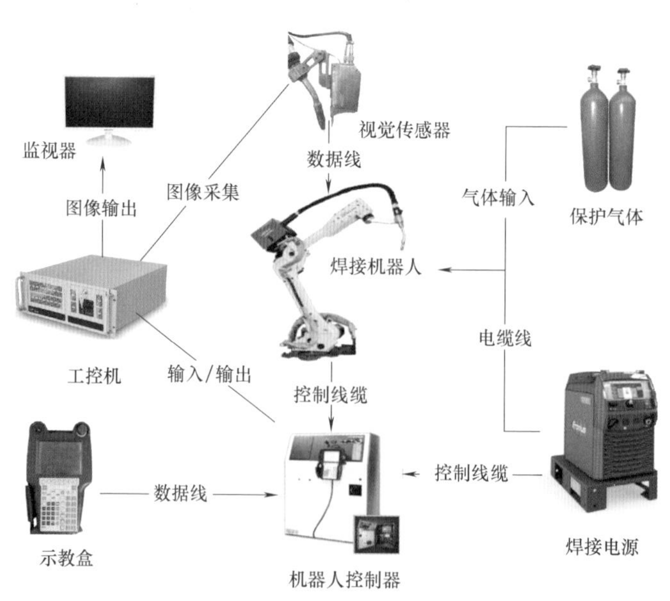

图 3-3　焊接机器人导引与跟踪系统

源、视觉传感器、工业控制计算机、控制系统软件（包括核心图像处理和焊缝提取算法、机器人通信、图形界面等部分）及配套设备等构成，组件之间由以太网连接进行通信。

焊接机器人模块主要由搭载焊枪的机器人本体、控制器、送丝机、焊接电源等构成。图 3-4 中焊接机器人为 FANUC M-20iA 六轴工业机器人，控制器为 R-30iA，控制器系统软件版本为 V7.7，机器人重复定位精度为 0.08mm。

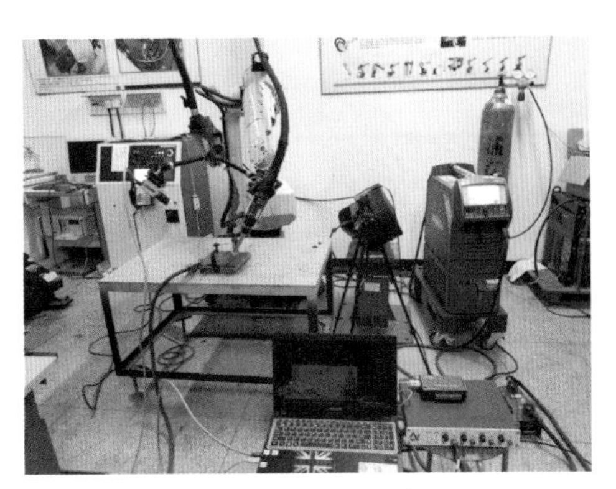

图 3-4 焊接机器人系统实物图

3.3 视觉传感系统

熟练的焊工主要通过其视觉来感知焊接操作并进行焊接质量判断。由于视觉信息具有与工件不接触、信息量大、灵敏度和精度高、抗电磁干扰等优点，利用视觉传感技术来获取焊缝的特征信息可以同时进行焊缝跟踪和焊接质量控制。在焊接过程控制中，传感器具有重要的作用。在机器人自动化焊接过程中，要对焊缝进行实时跟踪控制，首先要采集到清晰的实时焊缝图像并对其进行准确的处理，提取出焊缝信息的特征值，这是后续能否有效地进行焊缝实时跟踪控制的关键。视觉传感系统是整个机器人系统的检测环节，如果视觉传感器不能采集到清晰的图像，将给后续的图像处理带来很大的问题，最终将影响焊缝跟踪的精度，甚至导致跟踪失败。为此，设计合理、高效的视觉传感器在机器人焊接智能化过程中显得尤为重要。根据视觉传感器成像时利用的光源不同，视觉传感器可以分为以采用激光等辅助照明的主动视觉传感器和以电弧光及自然光为光源的被动视觉传感器。

3.3.1 主动视觉传感器

为了克服焊接过程中强烈的电弧光、电弧热、烟雾以及飞溅等因素的影响，主动式视觉传感方式利用激光作为成像光源，之所以选择激光作为成像光源，主要是因为激光波长单一，相干性好，不受外界干扰。图 3-5 为主动视觉传感器设计图和实物图，内有 CCD 图像传感器、线激光器、光学镜片组成的光路系统。

为了获得更理想的激光条纹图像，传感器的光学系统必须针对弧光的特性进行滤光设计。传感器激光功率（100mW 级）与弧焊中的弧光强度（kW 级）相比，强度相差 3~4 个数量级。针对这一巨大差距，滤光系统的主要设计思路是滤去弧光，增加通过光路的激光与弧光的比值，即增加图像的信噪比。选取特定波长的激光，并且安装一块特定波长的窄带滤波镜滤去其余波段的弧光。这要求对特定焊接

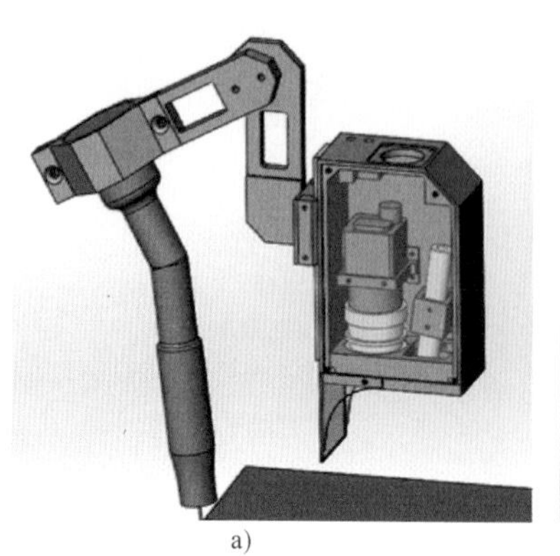
a)

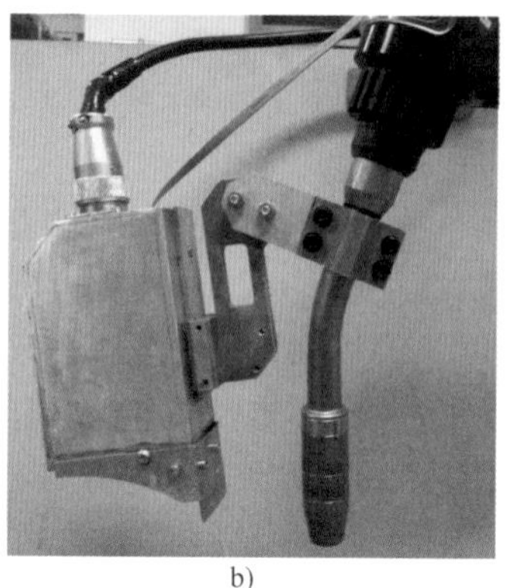
b)

图 3-5　主动视觉传感器

a）传感器设计图　b）传感器实物图

过程的弧光特性光谱进行测量。

对于碳钢的 GMAW 过程，使用光谱仪测量弧光光谱的结果如图 3-6 所示。可以发现，在排除了铁元素特征谱线等弧光波谱峰值后，存在数个弧光较弱、分布平均的波段。进而综合商业用半导体激光器常见波段考虑，选用波长为 659.0nm 的激光器作为光源，窄带滤光镜选用 660±10nm 波段。在观测熔池图像的焊接视觉系统中，光路设计使用了减光镜减少入光量。但减光镜对于激光和作为噪声的弧光的衰减作用是一致的，这使得其无法增加图像的信噪比。考虑到系统中的 CCD 传感器曝光时长调整范围为 20μs～2s，软件调整曝光时长可以更灵活地控制采集到图像的灰度值，无须使用减光镜控制过度曝光，所以系统光路中只使用了窄带滤光镜。

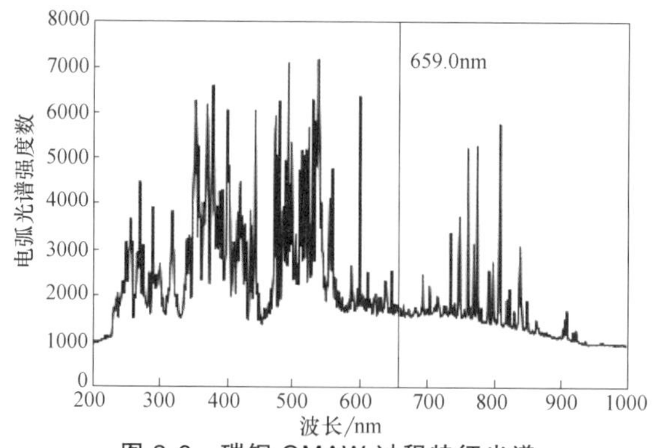

图 3-6　碳钢 GMAW 过程特征光谱

滤光系统对于成像质量的影响可由对照的引弧试验得出。如图 3-7 所示，焊接参数保持一致的碳钢 GMAW 过程中，控制传感器的曝光时间同为 4ms，分别使用安装了窄带滤光镜和没有安装的传感器采集引弧过程的图像。采集到的图像证明，安装了特定波长窄带滤光的传感系统能更有效地减少弧光及其反射，增强激光相对弧光的入射强度。装备上述窄带滤光镜的图像传感器在焊接工况下能增加图像的信噪比。

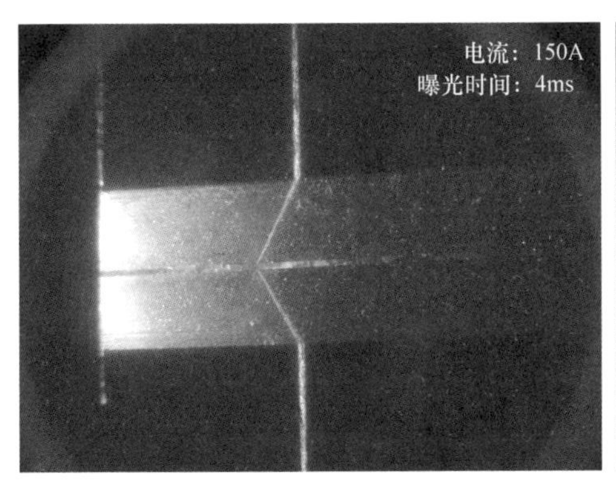

a)

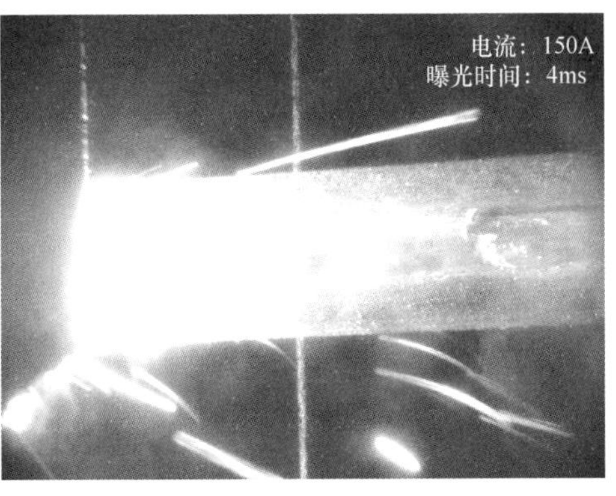

b)

图 3-7 659nm 窄带滤波效果

a）安装窄带滤光镜 b）无窄带滤光镜

3.3.2 被动视觉传感器

主动视觉传感由于工件的热变形容易产生超前检测误差；而被动视觉传感技术，由于电弧本身就是监测对象，焊缝中心线与被控对象的焊枪在同一位置，两者之间不存在位置偏差，不会产生类似主动视觉因为错过视场而产生的超前检测误差问题，但是被动视觉容易受外界环境影响，鲁棒性不够好。

图 3-8 被动视觉传感器在焊接机器人手臂上的安装图。被动视觉机器人主要由 CCD 摄像机、自动传动机构（包括微型电动机、齿轮和线型滑轨等）、减光-滤光系统、二级光路氧化铝镀层反光镜、传感器框架等构成，如图 3-9 所示。

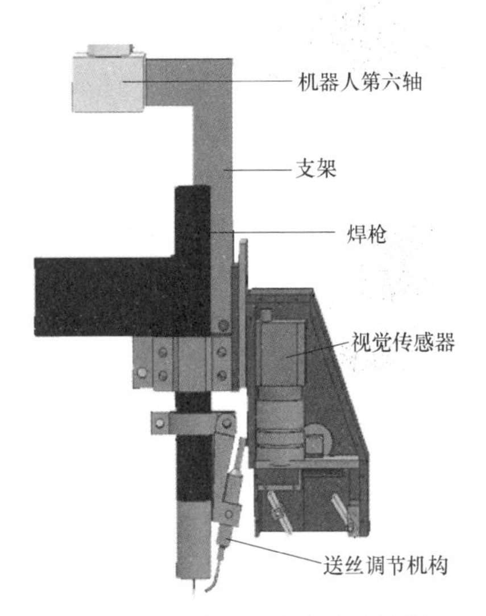

图 3-8 被动视觉传感器在焊接机器人手臂上的安装图

相对主动视觉来说，被动视觉不需要附加的成像光源，而是直接使用电弧光及其反射光对焊缝和熔池区域进行照明，但光线进入 CCD 摄像机之前需经过减光滤光系统过滤，其作用类似于焊工帽上的滤光镜片。图 3-10 所示为铝合金脉冲 GTAW 实际焊接电弧光谱，从图中可以看出弧光波长在 520~690nm 这一波段内时其强度最弱，同时也最稳定。因此在焊接过程中，可以对这一波段内的弧光加以充分利用，通过选择合适的滤光镜和减光镜来降低弧光的强度，进行焊接图像的采集。

在综合分析了焊接过程实时取像的影响因素的基础上，尤其是减光-滤光系统、焊接电流基值及采图时刻等参数的选择对采图的影响，利用所设计的被动视觉传感器，通过验证试验，最终确定铝合金脉冲 GTAW 过程采图参数为：选用中心波长为 660nm 的滤光镜及峰值透过率分别为 11%和 4%的减光片对焊接电弧进行复合滤光，采图基值电流为 30A，采图时刻为峰值电流下降沿 50ms。图 3-11 为在以上参数下连续采集的焊接过程图像，无论是焊缝间隙，还是熔池图像以及电弧区域的特征都足够明显，均能够获得较清晰的图像。

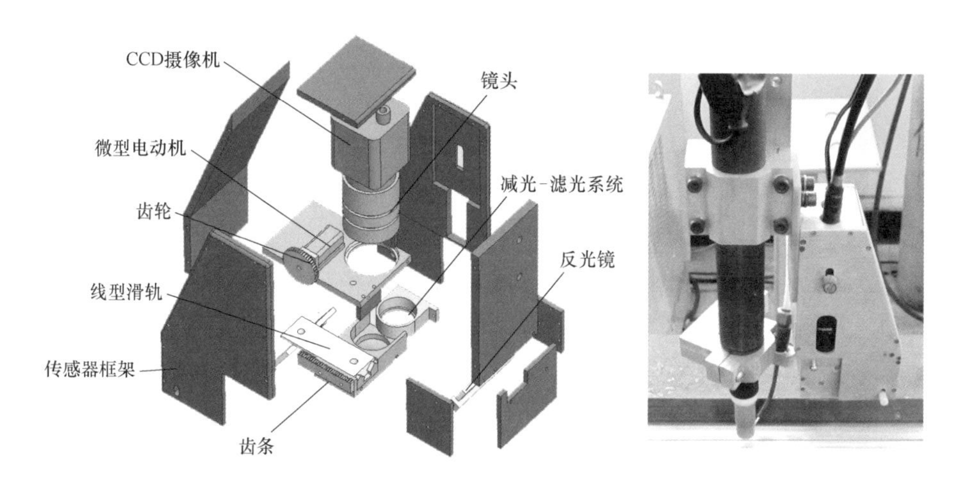

图 3-9　被动视觉传感器内部设计及实物图

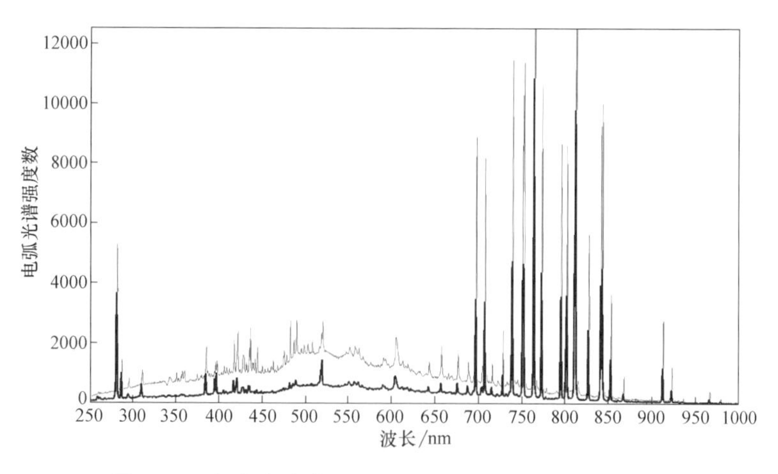

图 3-10　铝合金脉冲 GTAW 实际焊接电弧光谱分布图

另外，上海交通大学机器人焊接自动化实验室还设计了一种基于焊接机器人焊缝自主跟踪和熔透控制的主、被动双目视觉传感器，如图 3-12 所示，添加了可切换模式的传动系统，采用分立式减光滤光系统，可发挥主动视觉和被动视觉的优点，使之相互结合，相互补充，为机器人焊接过程提供更高效、准确的控制。

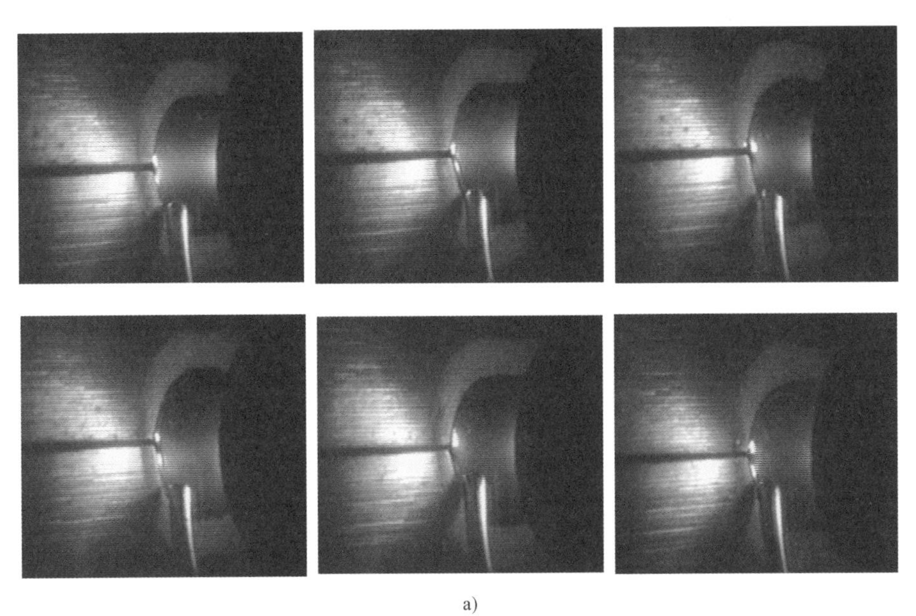

a)

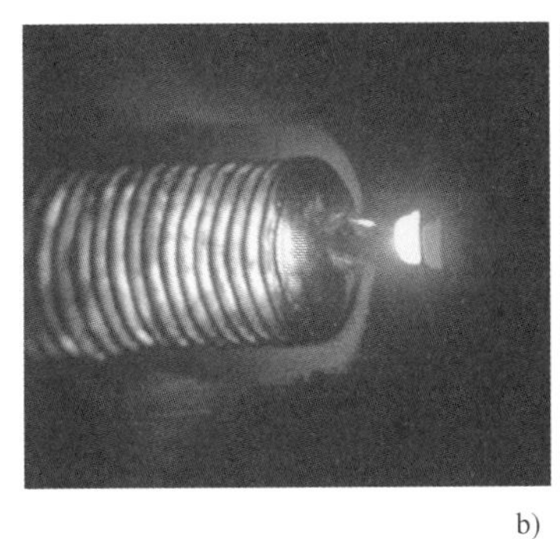

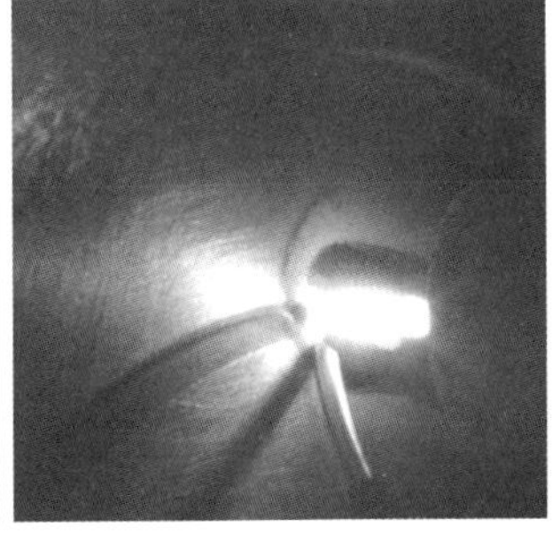

b)

图 3-11　采集到的焊接图像

a）连续采集的焊接过程图像　b）熔池图像

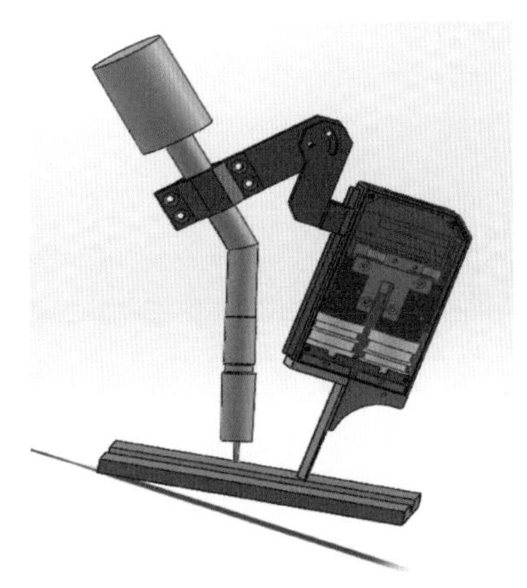

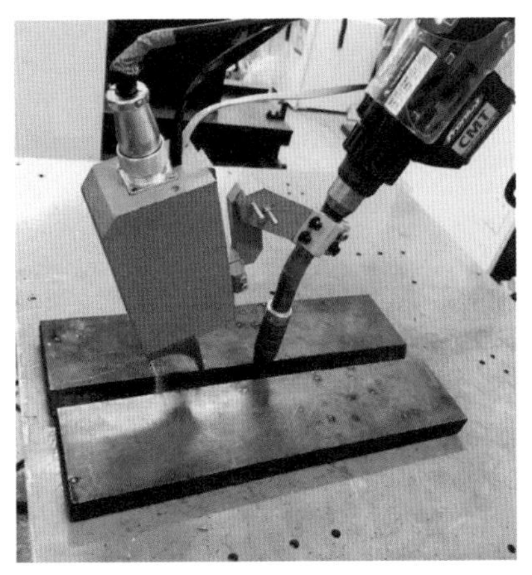

图 3-12　主、被动双目视觉传感器

3.4 焊缝跟踪软件系统

机器人焊接视觉传感器系统配套软件复杂度较高。以基于激光视觉传感的焊缝跟踪系统为例，其软件系统结构如图 3-13 所示。底层模块包括了被上层软件使用的模块，即机器人通信与轨迹传输、图像处理、点云处理、坐标转换等。上层的软件系统由数个图形界面程序组成，包括实时焊缝引导与跟踪程序、自动化标定、离线处理软件。高实时性、高性能要求的基础库，如激光条纹提取算法、点云重建、点云处理、焊缝特征提取等模块，以及图形化界面部分，都由 C++编写。标定模块的部分图像处理和优化、矩阵运算等科学计算代码，因为不要求实时性，采用 C++与 MATLAB、Python 混合编程，方便与既有代码、工具箱整合，提高了开发效率。

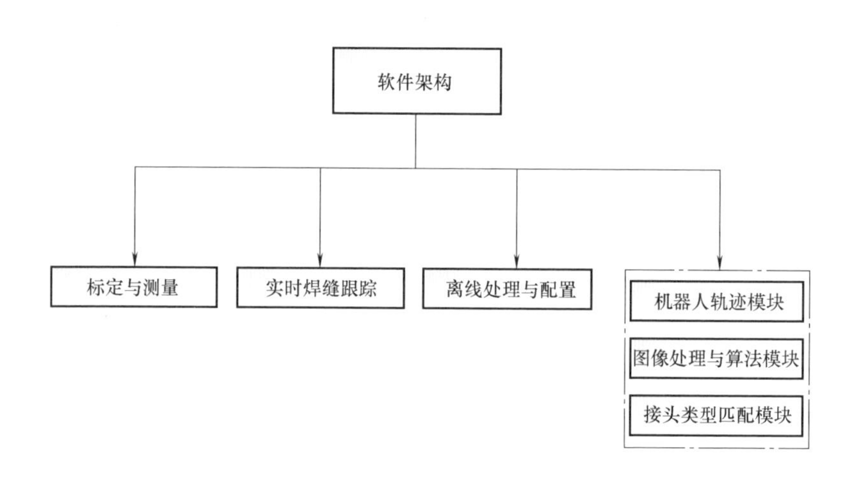

图 3-13 软件系统结构

软件系统中最重要的是两个图形界面程序，一为实时的焊缝导引与跟踪程序，另一为自动化标定程序，二者的界面如图 3-14 所示。实时焊缝导引与跟踪程序实现了搜索—寻位—焊缝跟踪的完整工作流程。此时，机器人端需要运行配套的程序，二者同步各个任务阶段的时间点，依次进入扫描、起始点搜索与导引、引弧跟踪的过程。自动化标定软件提供了方便而完整的标定，是系统的三维点云重建、焊缝定位的基础部分，标定结果，如转换矩阵、相机系统参数等，会被序列化为二进制文件，具有统一的二进制格式，供实时焊缝引导与跟踪软件及其他系统软件使用，或作为历史标定数据供研究或对比使用。

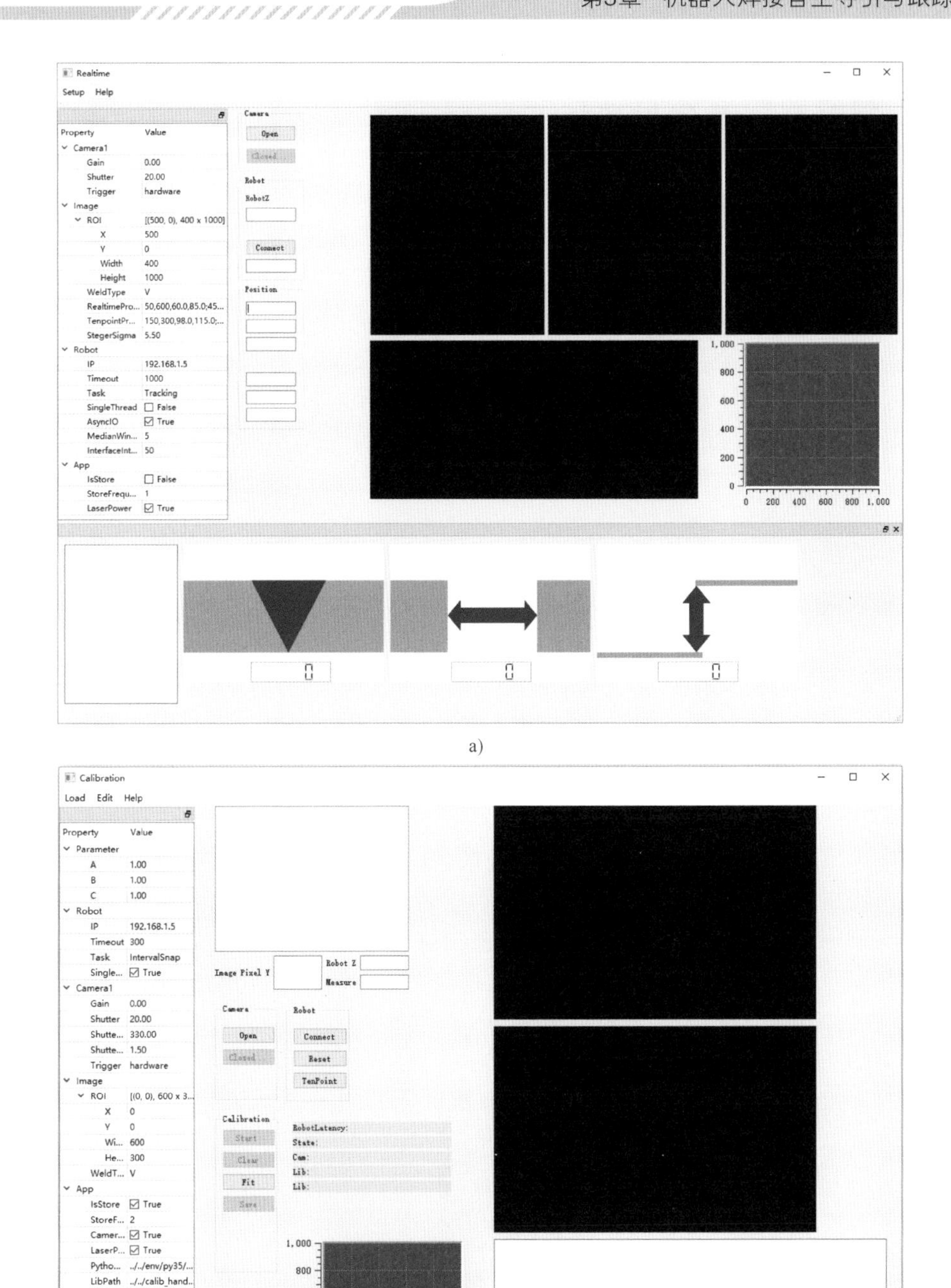

图 3-14　系统软件的图形界面

a）实时焊缝引导与跟踪程序界面　b）自动化标定程序界面

3.5 焊缝跟踪系统自动标定

以主动视觉传感为例，线激光视觉传感器测量精度取决于传感器标定的准确度。标定是视觉测量系统中的关键环节，在焊接生产过程中，装夹在机器人末端的传感器可能需要频繁地拆卸、重新配置，这需要一种较快速的标定方法。此标定分为两个步骤：激光平面标定与手眼标定。分别求解图像到相机坐标系的转换矩阵${}_{c}\boldsymbol{T}^{i}$以及手眼矩阵${}_{t}\boldsymbol{H}^{c}$。将这两步标定合二为一，使用一块点阵图案的平面标定板即可完成。在此基础上开发了一套自动化标定程序，总结了完整的标定流程。

对于激光传感系统的标定流程如下：

1）在多个任意角度对圆点标定板采集标定数据，每个位置分别采集标定板图像、激光图像、机器人姿态数据。

2）执行相机标定，标定相机外参数 H_j。

3）单幅图像选择多组共线的圆心坐标 g_i，拟合其所在的直线。同时拟合激光直线。

4）对第 j 张图像，计算激光直线与圆心直线的交点，作为 F_i 下的激光点坐标 p。根据交比不变求出 F_g 下的激光点坐标 P。已知 H_j，根据公式计算激光点在 F_c 的坐标 M^c。

5）在不同角度得到的图像中重复 3）、4）过程。得到激光点集 M_i^c。

6）使用奇异值分解 SVD 优化得到激光平面方程，计算出激光转换矩阵${}_{c}\boldsymbol{T}^{i}$。

7）使用相机标定结果和机器人姿态数据标定手眼矩阵${}_{t}\boldsymbol{H}^{c}$。

在标定完成后，任意图像中的激光条纹中心点，都可以通过激光转换矩阵计算出其在机器人下的坐标，完成三维重建的过程。进而通过计算出相对焊枪尖端点的距离，整个标定的数据获取、模型与标定、由模型计算出图像点向三维坐标的转换如图 3-15 所示。

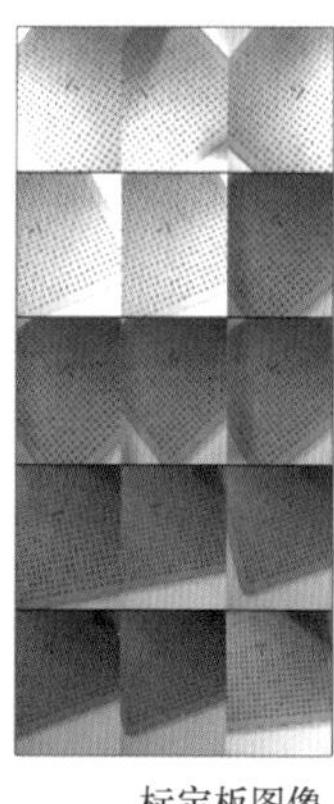

标定板图像

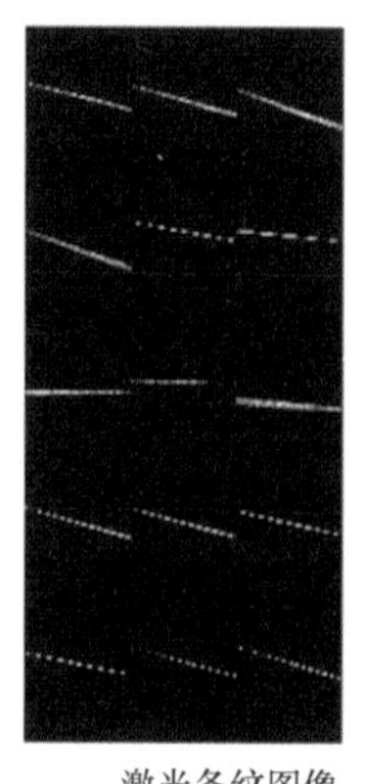

激光条纹图像

点1:[x_1 y_1 z_1 w_1 p_1 r_1]
点2:[x_2 y_2 z_2 w_2 p_2 r_2]
点3:[x_3 y_3 z_3 w_3 p_3 r_3]

……

机器人坐标

图 3-15 标定总流程

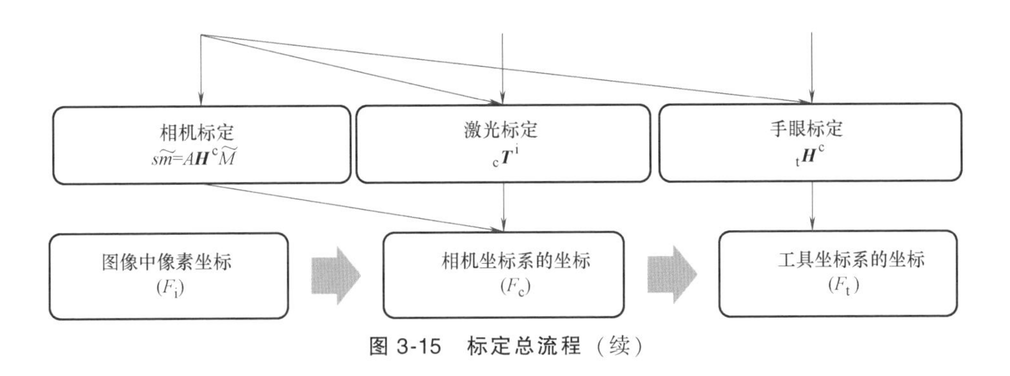

图 3-15　标定总流程（续）

3.6　机器人焊缝跟踪图像处理

3.6.1　被动视觉焊缝图像处理

在实际焊接过程中，利用视觉传感系统采集到的焊接图像包含的信息主要有焊缝、熔池、焊丝、钨极、喷嘴、工件等，图 3-16 为铝合金 GTAW 实际焊接图像。图像处理的目的是将这些信息量化，快速提取熔池和焊缝几何特征参数，图 3-17 所示为对图像的几何特征参数进行定义。图像处理的最终目的是为了提取熔池中心点 O 坐标和焊缝中心线方程 $y=kx+b$ 等特征信息，并进行几何参数计算，计算熔池中心点（即钨极点在图像上的投影）到焊缝中心线方程的距离，从而获取焊枪与焊缝中心的偏差值 $d(t)$，为后续的跟踪控制提供必要的依据。

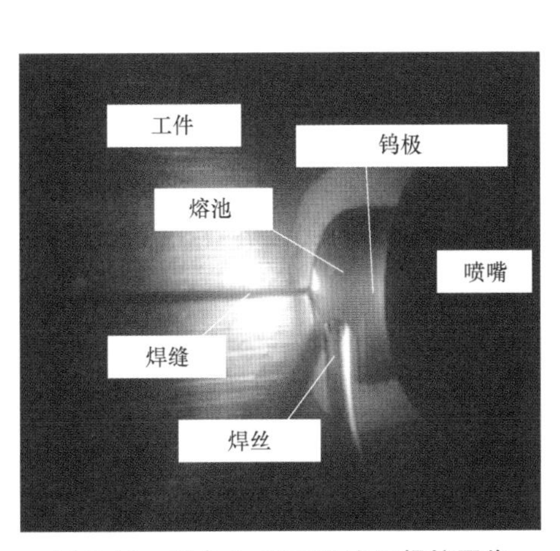

图 3-16　铝合金 GTAW 实际焊接图像

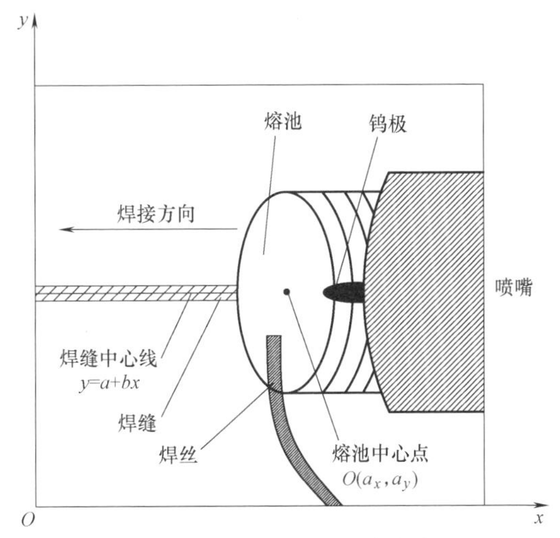

图 3-17　图像几何特征参数定义

在机器人焊接中，为了对焊缝进行实时跟踪控制，采集到的焊接图像必须进行快速处理，实时提取出焊缝和熔池的特征值，因此完善的图像处理算法显得尤为重要。尤其是图像处理算法的准确性和及时性，这直接影响到后续的焊缝跟踪控制效果。通常情况下，传感系统所获取的焊接过程图像不能直接在焊缝跟踪控制系统中使用，必须对原始图像进行具有针对性的处理。同时，要求所开发的图像处理算法必须具有很好的适应性，保证在各种不同条件下都能快速而稳定地提取出熔池及焊缝的特征值。例如通过对铝合金焊接图像的特征进行分析，依次对焊接图像进行预处理、边缘检测、边缘扫描、曲线拟合等，提取出熔池中心点 O 的坐标和焊缝中心线方程 $y=kx+b$ 等特征信息，对图像信息进行量化处理，获取焊枪与焊缝中心的偏差值 $d(t)$。焊缝的图像处理包括图像预处理、边缘检测、边缘扫描、直线拟合等过程，其中图像预处理主要包括小窗口提取、退化图像复原、中值滤波等，完整的图像处理流程如图 3-18 所示。

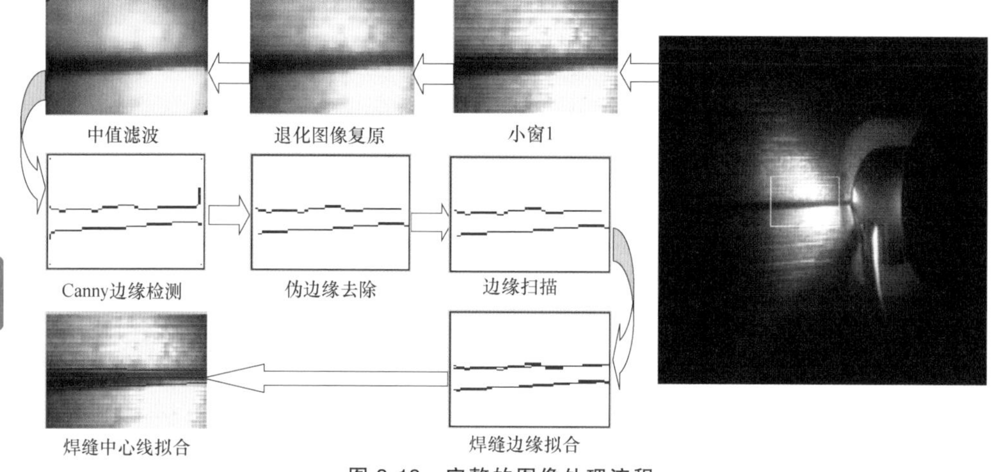

图 3-18　完整的图像处理流程

熔池图像处理的目的在于提取熔池中心点坐标，通过熔池中心点到焊缝中心直线的偏差来检测焊枪钨极中心与焊缝中心的偏差。从熔池图像可以看出，焊接时熔池宽度方向上易产生氧化膜，在这个方向上的灰度突变非常明显，边缘很容易提取，因此可以通过熔池宽度方向的边缘来求取熔池中心点坐标。熔池的图像处理方法和焊缝的图像处理方法相同，其完整的图像处理全流程如图 3-19 所示。

根据图像处理得出的焊缝中心线方程为 $y=\frac{k_1+k_2}{2}x+\frac{b_1+b_2}{2}$，熔池中心点坐标为 $(a_x,\ a_y)$，由控制程序实时计算出熔池中心与焊缝中心线在当前时刻的偏差值 $d(t)$

$$d(t)=\frac{\left|\frac{k_1+k_2}{2}a_x-a_y+\frac{b_1+b_2}{2}\right|}{\sqrt{\left(\frac{k_1+k_2}{2}\right)^2+(-1)^2}} \tag{3-1}$$

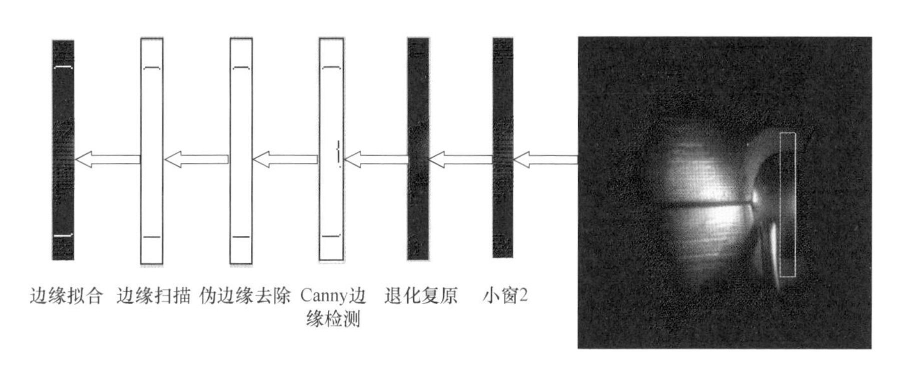

图 3-19　熔池图像处理全流程

3.6.2　主动视觉焊缝图像处理

从视觉传感器中采集到的是包含焊缝特征信息的原始图像，需要经过进一步的处理，将激光条纹从图像背景中分离出来，然后对条纹进行分析才能得到焊缝偏差信息，进而才能用于下一步的焊缝跟踪。图像处理算法是实现焊缝跟踪的关键环节。图像处理的主要步骤包括：预处理、激光条纹中心线提取、焊缝位置特征提取三个步骤。

主动视觉传感器采集得到的是焊缝原始图像，其包含了线结构光形貌的8bit的灰度图像，由于焊接环境一般比较恶劣，容易受到周围环境光、工件本身的缺陷以及CCD自身的特性等因素影响，在采集的图像中可能会出现噪点。为了将焊缝特征信息提取出来，需要对原始图像进行一定的预处理以消除噪点，将包含焊缝特征信息的激光条纹从周围背景中分离出来。

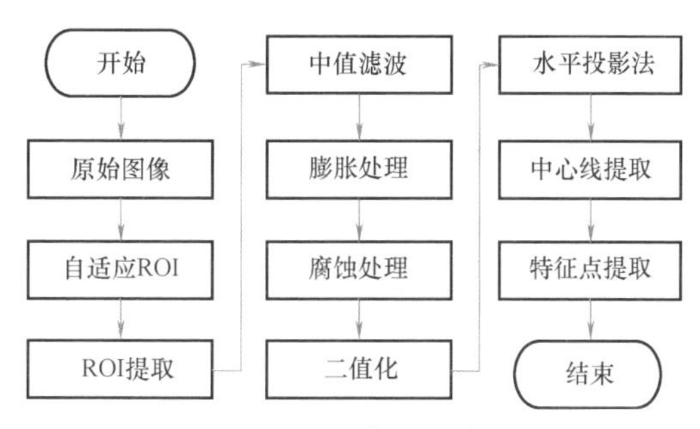

图 3-20　图像处理流程

目前焊缝跟踪图像处理算法经过不断试验和总结之后，形成的主要流程如图3-20所示，对于一些具有明确数学定义的图像处理算法在OpenCV函数库中已经提供了，只需要通过相应的接口调用即可。对于一些与实际应用环境密切相关的图像处理算法，如感兴趣区域（Region of Interest，ROI）获取、自适应阈值算法、中心线提取算法等需要根据需求编写程序来完成。

对于四种典型坡口的焊缝，激光带投射到工件表面然后反射到传感器进行成像，其形成的激光条纹形状特征不尽相同，因此需要根据不同焊缝条纹的特征分别采取不同的图像特征提取算法进行处理，这样才能保证得到最佳的效果。焊缝跟踪系统针对在焊接领域广泛应用的四种典型坡口形状进行分析和设计相应的图像处理算法，主要有对接 I 形坡口（不开坡口）、对接 V 形坡口、角接以及搭接焊缝。

1. 对接 I 形坡口

I 形坡口是一种广泛应用的焊接坡口形式，适用于厚度在 1~6mm 范围的薄板焊接，在焊接时为了保证能够焊透通常需要在接口处保留 0~2.5mm 的间隙，如图 3-21a 所示。线结构光的激光投射到对接工件上形成的激光条纹如图 3-21b 所示，激光条纹在坡口处容易形成两个断点，通过这两个断点的坐标可以得到焊缝实际位置和宽度信息。对接接头特征识别的关键在于接口间隙的大小，如果接口的间隙小于一定的范围，可能会造成激光条纹无法在中间形成断点，从而在图像中呈现的激光条纹为一条直线，导致无法识别激光条纹的特征点。另一方面，如果间隙太小，为了将条纹从坡口位置分离需要使用较大的阈值，可能会造成图像信息的损失，所以对接接头在焊缝跟踪过程中需要保持一定大小的间隙宽度，一般在 0.5mm 以上即可。

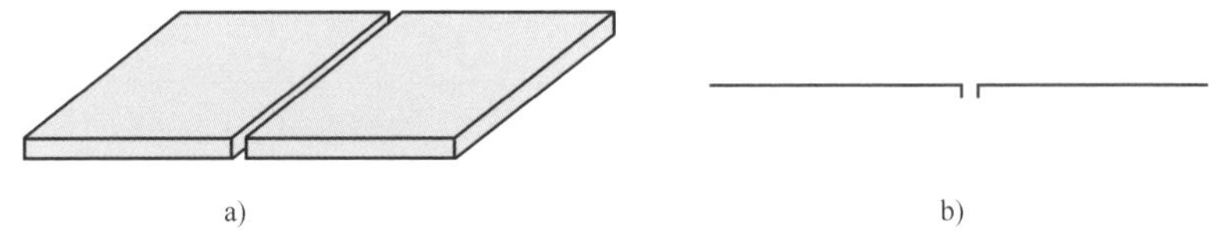

a)　　b)

图 3-21　对接 I 形坡口和激光条纹示意图

a）对接 I 形坡口　b）激光条纹示意图

对接 I 形坡口特征提取的基本过程是先对焊缝的 ROI 进行预处理，然后使用水平投影的方法获取条纹的中心线，最后使用直线扫描的方式获取接口处两个特征点，图 3-22 所示为对接 I 形坡口特征提取。

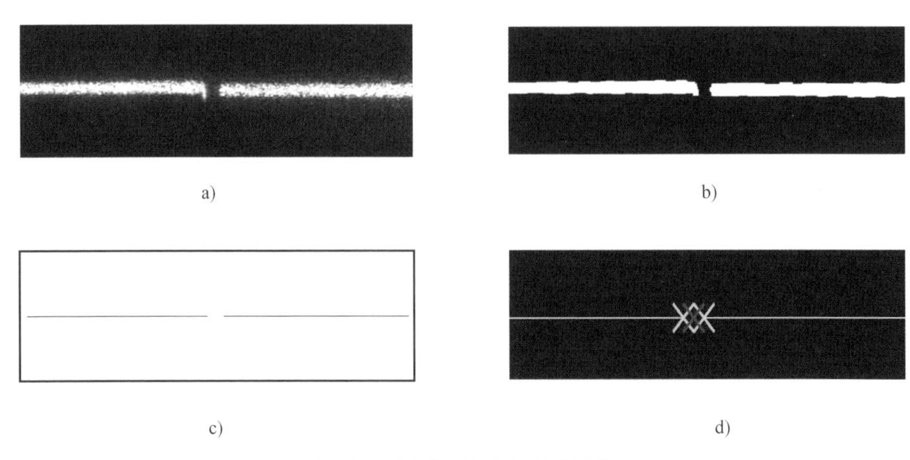

a)　　b)

c)　　d)

图 3-22　对接 I 形坡口特征提取

a）对接 I 形坡口 ROI　b）对接 I 形坡口预处理

c）激光条纹中心线（反色显示）　d）对接 I 形坡口的特征点

经过以上步骤处理之后可以得到对接焊缝的两个边缘点，然后通过程序读取这两个点的位置坐标，这两个点之间的距离根据图像的标定进行换算之后，就可以得到焊缝的实际宽度。

2. 对接V形坡口

对于厚度在6mm及以上的焊接工件，需要使用V形坡口进行焊接才能保证焊透，同时根据坡口的宽度以及深度不同，可能需要使用摆动焊接或者多层多道的焊接工艺，V形坡口的接头如图3-23a所示。线结构光投射到V形坡口上在传感器中的成像如图3-23b所示，激光条纹在接口处呈V字形，通常具有三个特征点，分别为坡口边缘左右两个端点以及底部的端点，由于激光器通常是斜上方照射到工件表面，图像中的V形坡口深度与实际工件的深度为非线性关系，需要结合激光器的角度和传感器的位置信息才能计算得到V形坡口的焊缝深度。焊缝的宽度信息则可以通过左右两个端点结合图像像素标定信息获得。

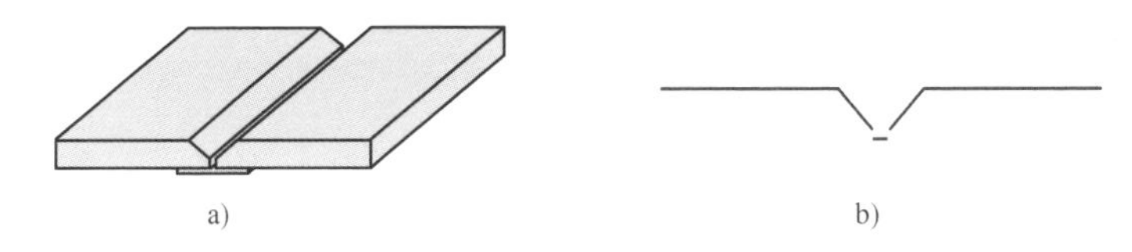

图3-23　V形坡口示意图

a）V形坡口　b）V形坡口激光条纹示意图

V形坡口的图像经过预处理后，对激光条纹的不同直线段采用最小二乘法进行直线拟合，然后利用拟合得到的四段直线求各自的交点，得到的三个交点就是V形坡口焊缝的三个特征点，特征点提取过程如图3-24所示。

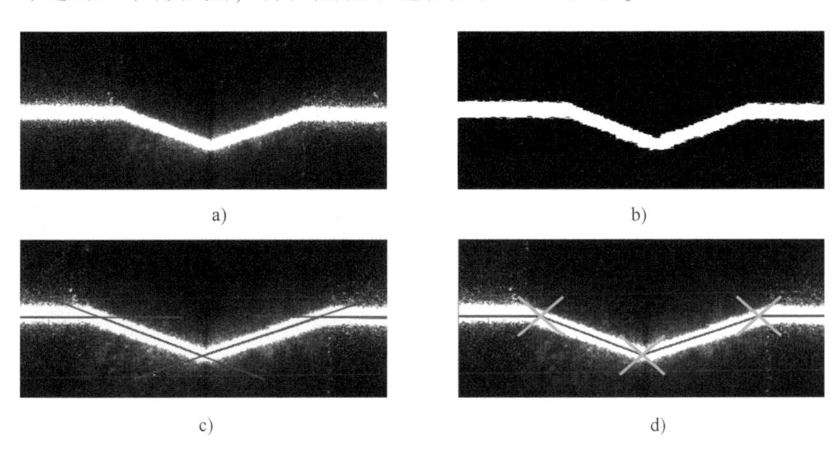

图3-24　V形坡口特征提取过程

a）V形坡口ROI　b）V形坡口ROI预处理　c）V形坡口直线拟合　d）V形坡口特征点

经过处理之后可以得到V形坡口的三个特征点，利用这三个特征点可以得到焊缝的宽度和深度信息，标定图像中焊枪的参考点后，可以得到当前的偏差信息。

3. 搭接接头

搭接接头是一种常用于船舶制造的焊接工艺方法，广泛应用于汽车船舶制造等领域，搭接接头的示意图如图 3-25a 所示，是由一个焊接工件放置在另一个焊接工件上进行焊接的形式，线结构光的激光条纹在搭接接头上形成的条纹如图 3-25b 所示。在搭接处条纹通常会出现一个台阶状，工件的厚度决定了台阶的大小。特别薄的工件进行搭接焊时，可能会出现台阶不明显的情况，一般工件厚度在 3mm 以上就能够进行识别。

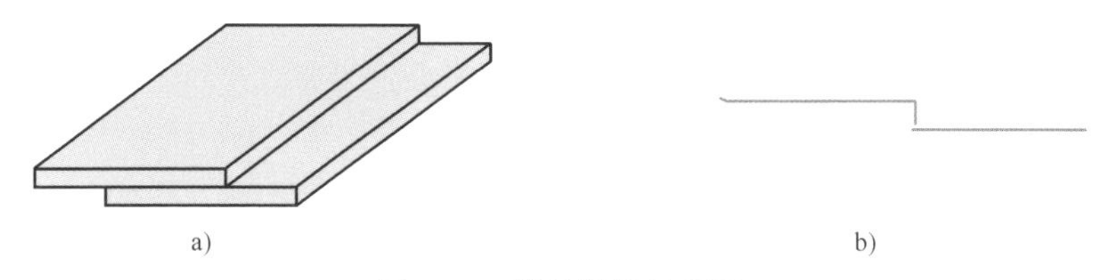

a)　　b)

图 3-25　搭接焊缝示意图

a）搭接接头　b）搭接接头激光条纹示意图

对搭接接头的激光条纹图像进行预处理之后，激光条纹分为上下直线段和中间连接部分，往往不能有效地进行直线拟合，采用列扫描法进行获取条纹中心线。搭接接头的条纹分为上下两个部分，使用水平投影会出现两个峰值的情况，因此采用斜率法进行搭接接头的特征提取，即计算条纹的斜率并在斜率变化最大处得到特征点位置信息，特征提取过程如图 3-26 所示。

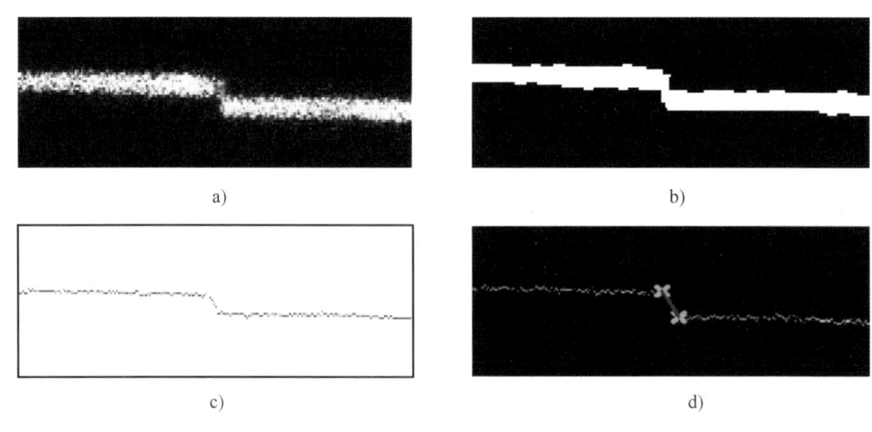

a)　　b)

c)　　d)

图 3-26　搭接焊缝特征提取过程

a）搭接接头的 ROI　b）搭接接头 ROI 预处理

c）搭接接头中心线（反色显示）　d）搭接接头特征点

由图 3-26 可以看出，搭接接头的焊缝在处理之后，在焊缝上边缘和下边缘存在特征点，利用这两个点可以计算焊缝的中心位置以及焊缝的高度差，可以检测到实际的焊接过程中出现间隙变化或者位置变化。

4. **角接头**

角接头通常用于两个工件垂直转配焊接的场景，焊接角接头时，传感器相当于斜向下观察焊缝，线结构光投射到接头处，在传感器中的成像通常呈现为一个大 V 形，即两条直线斜着交叉。角接头及其激光条纹如图 3-27 所示。

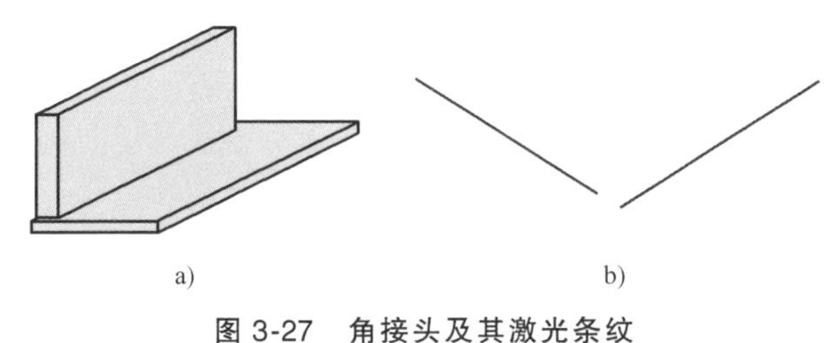

图 3-27　角接头及其激光条纹

a）角接头　b）角接头激光条纹示意图

对于角接焊缝进行预处理之后，由于其条纹由两条斜向上的直线段组成，不适用于水平投影，而应采用列扫描法进行激光条纹中心线的提取，然后分别对两个直线段采用最小二乘法直线拟合，利用拟合的直线求交点即可获得角接头的特征点，特征提取过程如图 3-28 所示。

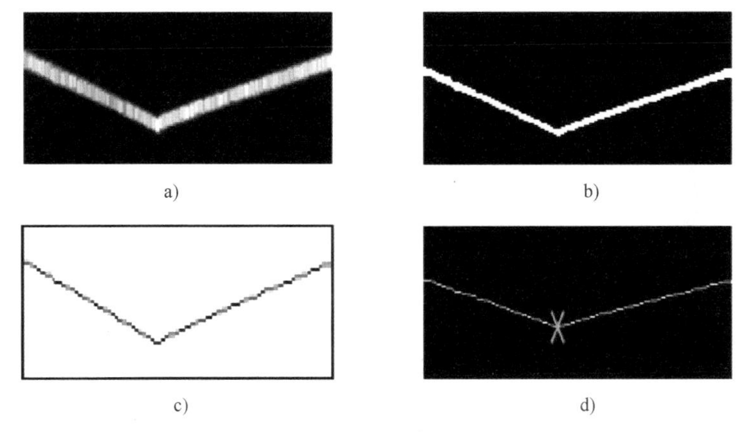

图 3-28　角接焊缝特征提取过程

a）角接头 ROI　b）角接头 ROI 预处理　c）角接焊缝中心线（反色显示）　d）角接焊缝特征点

3.7　初始焊位导引

单幅图像的线特征提取算法得到亚像素级别精度的二维像素点，二维像素点经过标定出的转换矩阵 ${}_{c}\boldsymbol{T}^{i}$，能够变换为相机坐标系 F_c 下的三维坐标点，形成激光平面照射处的三维信息。机器人在连续运动时，搭载在机器臂上的相机随之移动，持续拍摄得到图像序列。由于相机采集频率的限制，这一图像序列在时间上和空间上皆是离散的，设第 i 帧拍摄于 T_i。三维重建的坐标系选择机器人基坐标系 F_b，便于与机器人控制器交换数据，因为机器人控制器中给出的坐标值实际为${}_b\boldsymbol{H}^t$，即工具坐标系到机器人基坐标系的转换。扫描时机器人连续运动，需要已知第 i 帧图像对应的机器人位置${}_b\boldsymbol{H}_i^t$，才能将扫描得到的图像序列重建。

重建后的点云数据中包含了属于工件的坐标点，也包含了大量工作空间的其他物体以及噪声。对焊缝和焊接起始点进行定位并引导机器人到焊位初始点是三维重建的目标，这需要首先将工件点云从点云数据中分割出来，并对工件模型进行拟合，进而求得焊缝位置及初始点信息。

3.7.1 三维点云重建过程

1. 降采样

二维图像所含激光线信息丰富，在还原回点云数据后易形成冗余。这是因为在扫描时，机器人获取图像信息的速率取决于图像采集速率，而对比单张图像连续的激光线，图像采集速率才是信息获取量的瓶颈。比如，当机器人以 50mm/s 的速度扫描，而传感器以 14 帧/s 的速率采集时，扫描方向的图片分布密度为 3.6mm/帧，此时虽然在每帧图片上提取连续的像素点仍稠密，但和沿扫描方向信息密度相比极度不平衡。这一不平衡的数据分布导致图像中的激光条纹点过于冗余。解决方法之一是在提取出线特征后进行降采样过程。降采样过程中以 M 为参数，表示每 M 个像素点中只抽样一个像素点。初始点寻位过程不同于焊后检测，不需要工件表面的细节信息，M 可以使用较大的数值。M 为 1 时便是不进行降采样。不同 M 值对应的线特征提取效果如图 3-29 所示，单张图像描述了焊接接头的截面形貌，对其降采样会损失表面细节。但由于重建过程中的焊接工件多为平面工件，加大降采样参数 M 不会对后续平面工件识别造成影响，同时极大地减少了数据量与运算负担。

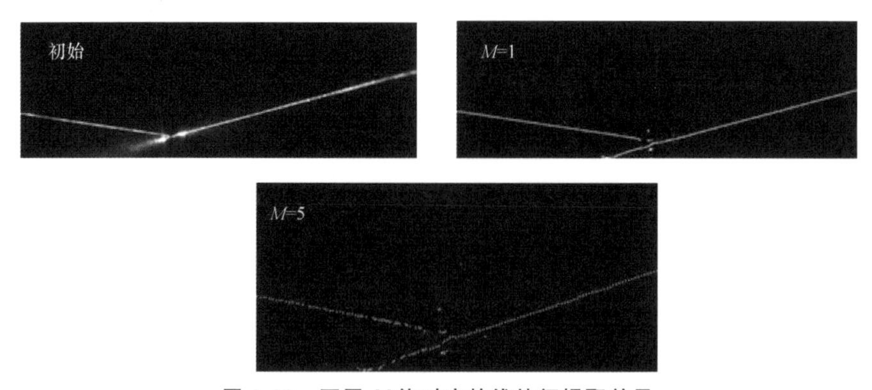

图 3-29　不同 M 值对应的线特征提取效果

三维重建的结果分析可以确定，$M=20$ 时，点云信息仍足以重建还原出绝大部分背景环境与工件的三维信息。M 的合适取值根据扫描数据的使用场景确定：当进行焊后焊缝表面质量检测时，M 取较小可以保留绝大部分作为焊缝表面的不规则激光点，能更精确地分析表面形貌与熔覆体积。而如果扫描的点云数据用于初始焊位导引等宏观使用场景，较大的 M 可以减轻计算量，加快处理速度。

2. 轨迹插值队列

根据单幅图像的线特征提取算法，得到二维像素点，二维像素点经过标定出的转换矩阵，能够变换为相机坐标系下的三维坐标点，形成激光平面照射处的三维信息。机器人在连续运动时，搭载在机器臂上的相机随之移动，持续拍摄得到图像序列，但其由于采集速率限制，每两帧之间存在时间间隔，例如本系统图像采集的速率为 14 帧/s。将空间与时间上离散的图像还原为三维点云，称为三维重建过程，需要每一采集时刻的机器人坐标信息${}_{\mathrm{b}}\boldsymbol{H}^{\mathrm{t}}$。

根据坐标变换过程讨论得知，如要将图像得到的点云数据从相机坐标系 $\boldsymbol{F}_{\mathrm{c}}$ 转换至机器人基坐标系 $\boldsymbol{F}_{\mathrm{b}}$，对于图像序列中的第 i 帧图像，需要已知对应的机器人位置${}_{\mathrm{b}}\boldsymbol{H}_i^{\mathrm{t}}$。这便是图像数据与机器人位置数据的同步问题。实际上，由于相机采集速率和机器人位置信息传输速率的不同步，某一张图片对应时刻的准确机器人位置是未知的，这里针对机器人焊接这一工况，增加了基于传感器数据“时间戳”的插值同步过程，将不同时间、不同机器人位置拍摄的图像序列合并至静止坐标系的三维空间 $\boldsymbol{F}_{\mathrm{b}}$ 内。

工业机器人实时位置数据的采集，依赖于厂商提供的接口。各种接口的速率等指标不一致。例如采用 Fanuc M20-iA 机器人，使用 Robot Interface 软件接口通过以太网进行位置信息传输，传输速率实测保持在 50Hz。三维重建的点云数据选择转换至机器人基坐标系，因为工具中心点等机器人坐标都在此坐标系下。但由于通信接口的传输速率和相机采集速率的限制，系统采集到的图像和坐标都是离散的数据，无法直接一一对应。所以本系统开发了基于线性插值的图像-位置同步流程。

作为系统的输入，图片和位置信息在计算机端接收成功后，软件能提供一个当前时刻的毫秒级“时间戳”。但是该“时间戳”表示的是数据在软件端成功接收完毕的时刻，并不是数据产生的时刻，所以系统需要对接收到的数据，尤其是视觉传感器端图像的滞后进行分析。

本系统中，CCD 图像传感器与主控计算机采用以太网连接，其图像数据是经过以太网接口，基于 GigE 协议传输的，这一传输耗时不可忽略，所以将相机“时间戳”减去估计的传输时间，可以得到更准确的拍摄时刻的“时间戳”。这一传输耗时可以根据单幅图像数据和以太网传输带宽计算得到。系统的图像尺寸设定为 1200×1600×8bit，以太网带宽为 50Mbit/s，可以计算得到传输延迟为 27.32ms，可以满足机器人焊缝跟踪的实时性要求。

对于附带“时间戳” t_{n} 的机器人的位置信息（x_{n}，y_{n}，z_{n}），将其插入位置队列中用于计算插值。轨迹插值队列按时间排序，维持了一定时间内从机器人控制器读取的位置数据，如图 3-30 所示。

当重建过程需要将一幅附带“时间戳” T_n 的相机图片还原到三维空间时，需要插值计算 T_n 时刻对应的位置（X_n，Y_n，Z_n），过程如下：

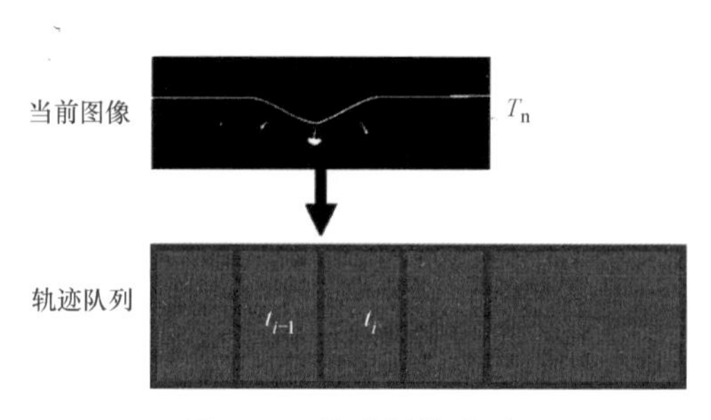

图 3-30　轨迹插值队列

使用二分搜索法，在插值队列中搜索第一个大于或等于 T_n 的“时间戳” t_i，显然，此时 T_n 位于 t_{i-1} 与 t_i 之间。设插值队列中，t_i 对应轨迹点（x_i，y_i，z_i）。

计算 t_{i-1} 到 t_i 之间的平均速度 v_i：

$$\Delta t=(t_i-t_{i-1}) \tag{3-2}$$

$$\begin{cases} v_{xi}=\dfrac{(x_i-x_{i-1})}{\Delta t} \\ v_{yi}=\dfrac{(y_i-y_{i-1})}{\Delta t} \\ v_{zi}=\dfrac{(z_i-z_{i-1})}{\Delta t} \end{cases} \tag{3-3}$$

式中，v_{xi}，v_{yi}，v_{zi} 为 t_{i-1} 到 t_i 之间 X、Y、Z 方向的平均分速度。

线性插值计算 T_n 时刻对应的位置估计值：

$$\begin{cases} X_n=v_{xi}*(T_n-t_i)+x_i \\ Y_n=v_{yi}*(T_n-t_i)+y_i \\ Z_n=v_{zi}*(T_n-t_i)+z_i \end{cases} \tag{3-4}$$

式中，X_n，Y_n，Z_n 为 T_n 时刻对应的位置 X、Y、Z 方向的估计值。

上述基于插值队列的位置估计能将离散的图像更准确地还原回到三维空间中。插值队列能够使系统处理不同扫描速度下的三维重建。装备了传感器的机器人系统移动扫描工件，可以在线得到位于机器人基坐标系下的点云数据。扫描速度的快慢对于重建精度的干扰被插值计算抵消了大半部分，图为不同扫描速度下对于 V 形坡口焊缝和一个 15mm 量块的还原效果。在 50mm/s 扫描速度下的三维点云较稀疏，但由于插值队列的存在，仍能准确还原出每张图片的三维位置信息。图 3-31 中绿色点线代表了相机在拍摄每张二维图像时的位置。当图像采集速率固定为 14 帧/s 时，50mm/s 的扫描速度下相邻两帧图像的间隔比 10mm/s 扫描速度下更宽，表现为该线上的点更稀疏。但由于轨迹插值队列的存在，每一帧的相机空间位置可以被准确还原，进而可以在线重构三维空间点云。

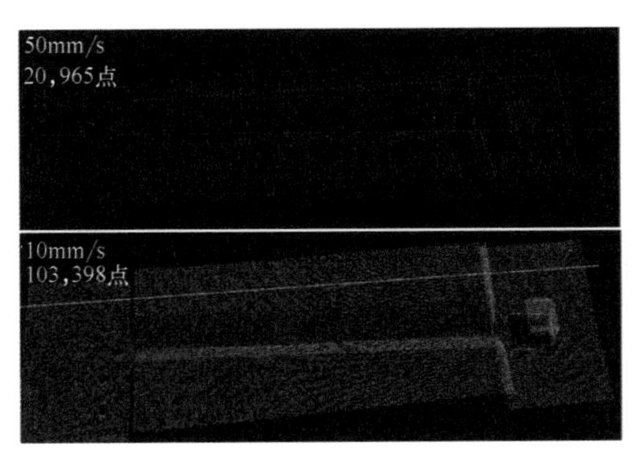

图 3-31　对接 V 形坡口点云重建结果

3.7.2　基于 KD 树的点云背景减除

在机器人对工作区域进行扫描的过程中，扫描得到的点云数据所覆盖的空间成为搜索区域。搜索区域内的物体可以分为三类：背景、待检测物体、异常物体。背景在多次检测中总是保持静止，待检测工件每次摆放会有少许偏差，异常物体是偶然出现的未知形状物体，对搜索定位过程有较大影响。针对背景和异常物体的上述特性，提出基于 K-Dimensional（KD）树背景模型的最邻近背景过滤，以及基于随机抽样一致性和工件夹角关系的平面拟合方法。采用 C++语言的 PCL（point cloud library）作为实时在线点云数据处理的工具。

去除背景点云能降低后续工件模型拟合的难度。扫描背景一般是平面工作台，其在毫米级别是崎岖不平的，不能简化成理想平面，所以该背景会干扰工件的检测，尤其是薄板工件摆放在其上时，如果不把待检测点云中的背景部分去除，工件点云与背景点云部分极易混淆。将背景点云从点云数据中去除的过程称为背景减除，目标是将静止的背景数据去除而留下感兴趣的目标数据。将来自平面工作台的背景点云视为一个理想平面，就将背景进行了简单的平面建模，显然，这一模型与实际工作台的精确几何尺寸相差很远，理想平面假设无法指导背景减除的过程，需要建立更复杂的背景模型。

利用背景在不同扫描中的空间不变性，将背景点云从待检测的点云中过滤。首先系统需要针对没有杂物的纯粹背景进行一次扫描获得点云数据，该扫描称为背景扫描，得到的背景点云需要转化为 KD 树这一数据结构来存储，以后的扫描将这一背景模型作为额外输入，因为前后扫描中，背景的空间位置是不会改变的。待检测的点云可以通过 k 邻近距离判据过滤出背景点。

k 邻近距离定义为：取某一个点在某点云中的 k 个最邻近的点，其中第 k 个点到该点的距离。如果某一个点在背景点云中的 k 邻近距离小于阈值（如 1.0mm），则可以判断这一个点也属于背景。待检测点云中的每个点都需要依据背景点云的 k 邻近距离判据来进行背景减除，为加速这一过程，引入 KD 树这一数据结构。

KD 树是一种基于二叉树的数据结构，其每个节点是 k 维数据。在三维空间建立一个平衡的 KD 树的过程为：依次在 X、Y、Z 维度上建立分区面作为节点，每个维度上小于节点的值放在左子节点上，大于节点的值放在右子节点。重复该过程，直到最后所有的数据都被放在节点上，最后的节点称为叶子节点。KD 树能够实现有效的最近邻域点搜索。通过使用最优节点优先（best-bin-first，BBF）搜索算法，在搜索邻近点时从 KD 树的底层开始，逐渐向树上层的大空间区域进行搜索，使得大部分最近点的搜索都是在 KD 树的底层完成，从而有效提高邻域点的搜索效率。这一特性使该算法被应用于数据点匹配、聚类等领域。

KD 树中的 K 代表空间维度数目，三维空间点云使用的 KD 树也就是三维树。点云数据储存在三维树模型中的内部结构如图 3-32 所示。

三维树具有三维欧氏空间的空间索引能力，能提供快速查找某一点的邻域搜索功能，对于含有 n 个点的三维树，其搜索 k 邻近点的时间复杂度为 $O(O=k\lg n)$。

在点云数据中，某一点 p 的 k 邻域是指与 p 点的欧式距离最近的 k 个点，而 p 的 k 邻域距离 d_k 指的是第 k 个最邻近点到该点的距离。使用背景三维树模型的 d_k 可以判断一个点是否属于背景模型。

将背景点云以三维树的结构存储后就得到了背景模型，记为 bg。bg 由背景点云构建并保存，每次进行扫描搜索，得到新的待检测的点云。待检测的点云中的每一个点都使用 bg 进行 k 邻域搜索，如果其第 k 个最邻近点到该点的距离小于阈值 t，则断定该点为背景点，将其过滤，不计入下一步的拟合过程。整个背景过滤流程如图 3-33 所示。作为邻域搜索的参数，在采集点云的实践中试验多组参数，发现取 $k=3$ 可以取得较好的背景减除效果。

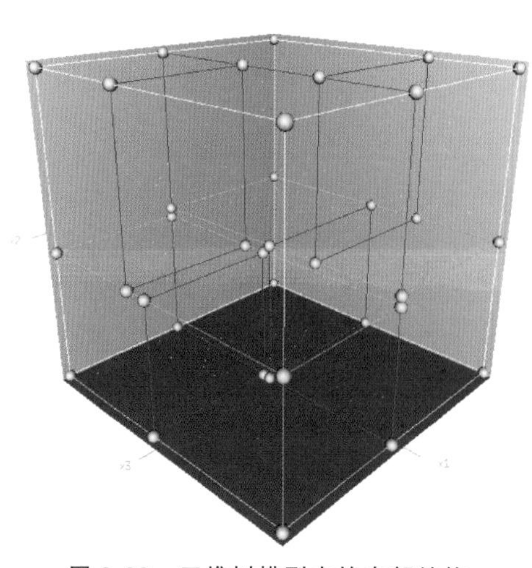

图 3-32　三维树模型中的内部结构

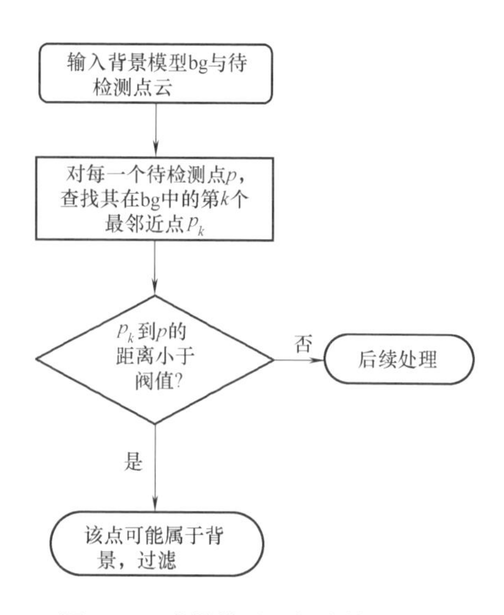

图 3-33　背景模型 k 邻域检测流程

背景模型的引入很好地滤除了检测点云中的背景部分。图3-34所示为通过背景模型滤除背景点的效果，被 k 邻域判据判断为背景的点用紫色表示。

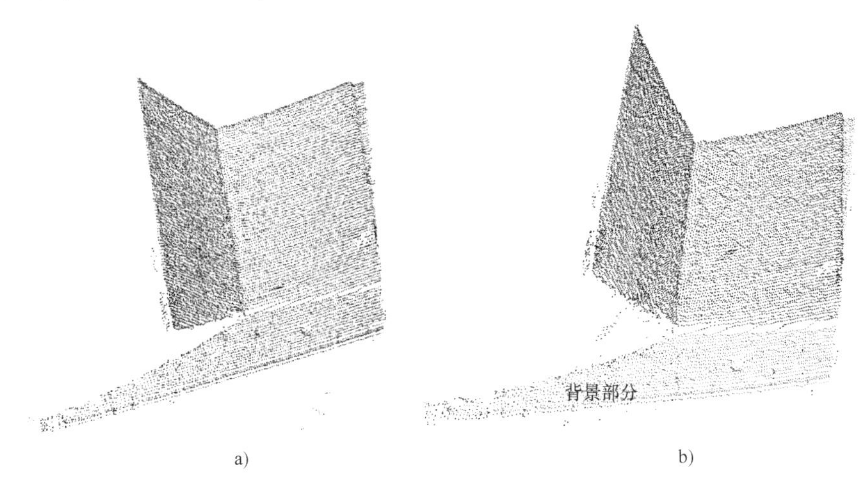

图3-34　滤除背景点的效果

a）原始点云　b）背景减除后

这一流程被称为背景减除。在焊接工作空间设置完毕后，扫描一次没有工件、杂物的工作空间作为纯背景点云，便可以通过该背景点云构造背景模型bg。当焊接工件被放置入工作空间后，扫描得到的点云通过bg去除其中的背景点，以便后续工件的分割与拟合。

3.7.3　焊接工件分割与拟合

从点云数据集提取出感兴趣的焊接起始点，需要针对各种焊接接头设计点云处理算法。选用T形接头作为代表，进行基于三维点云的平面焊接工件的识别。T形接头工件的特征是互相垂直的两个平面，所以识别的第一步是拟合出两平面的方程，并将点云分割成各平面的部分。

在含有噪声的数据中拟合模型时需要算法具有强稳定性，这里采用基于随机抽样一致法（RANSAC）进行平面拟合。RANSAC是一种基于抽样的迭代拟合方法，其能通过迭代的方法在数据集中多次拟合模型，直至大部分数据都符合模型或者到达迭代上限。该迭代流程能拒绝异常点，对于包含噪声与异常物体的点云数据，异常值是拟合时重要的误差来源。拟合后，对于三维平面表示方式选用 $Ax+By+Cz+D=0$ 的形式，其中 $[A, B, C]^T$ 即为平面法向量。

单个模型的拟合较为简单，但在一个数据集中拟合两个平面模型，就需要基于拟合目标特性，进行更有针对性的设计。根据T形接头的实际形貌可以得知，两工件平面的夹角是固定的，不妨假设其为垂直关系。所以T形工件的双平面模型拟合可以分成两步进行，在第一步拟合后，第二个平面的拟合需要寻找与该平面对应法向量近似平行的平面。整体拟合流程为：

基于 RANSAC 的拟合方法，提取第一个平面方程 p_1，得到其法向量 n_1，并且将原始点云数据 P 中的所有属于 p_1 的点去除。

1）在进行第二次随机抽样一致拟合的迭代过程时，如果拟合得到的平面法向量 n_2 与 n_1 所成角度不近似垂直，则继续迭代。

2）得到双平面模型后，分割点云至两平面对应部分，进行统计去噪。

对于 T 形接头，两个互相近似垂直的工件拟合结果如图 3-35 所示，可以看到，点云数据在被背景模型去除背景后仍然存在较多噪声点，在点云中表示为黑色，但用 RANSAC 算法以及基于角度分步拟合的处理过程能准确分割出两个工件平面。

针对其他类型接头，可以根据工件几何形状和夹角，制定对应的分步拟合流程。

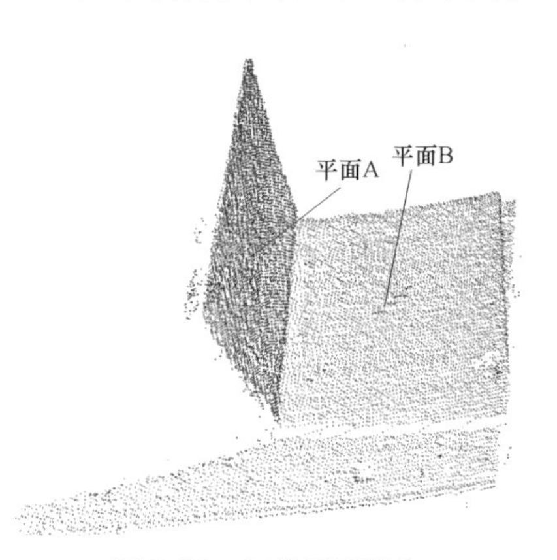

图 3-35　工件平面拟合

3.7.4　焊缝与焊接起始点检测

对于 T 形接头，焊缝表示为两工件平面的交线，起始点位于该交线上，具体位置取决于工艺需要。默认工件边缘处为起始点。检测起始点的输入为平面拟合得到的，根据交线的方程，选取到交线距离小于阈值的点作为候选点，将这些候选点沿选择扫描反方向排序，选择最初的 k 个点进行统计去噪。为了进一步抑制噪点。将寻找起始点转为寻找 k 个点去噪后的重心。

图 3-36 中两工件平面交线（绿线）即为焊缝。在求得焊缝直线后，将直线上的点沿扫描方向排序，取若干个计算重心以进一步抑制噪声，以此重心作为初始点。绿色的点为通过重心法寻找到的位于焊缝直线上的起始点。

为了进一步验证基于点云搜索的机器人焊缝三维重建和初始焊位点方法的鲁棒性，针对典型的 T 形接头进行了实验验证，针对异常物体干扰下设置了存在未知工具的搜索环境。在检测前，背景环境被扫描建模，随后任意摆放工件，并放置一把工具作为异常干扰。扫描长度为 150mm，扫描速度为 50mm/s。异常物体试验场景如图 3-37 所示。

设置该工作环境前，需要先扫描获取一次纯背景点云，进行 KD 树背景模型的建模。在工作环境设立好后，进行识别扫描流程。此时降采样率 $M=15$，k 邻近距离判据的 k 选为 3，距离阈值 $t=1.5$mm。异常物体干扰下的检测效果如图 3-38 所示。

从试验结果可以看出，在特意增加了异常物体干扰的情况下，该算法仍然能够准确地排除异常点云，识别工件平面、焊缝直线与起始点，证明背景去除流程能有效滤除背景点，基于随机抽样一致性的拟合过程能准确识别工件平面模型，排除未

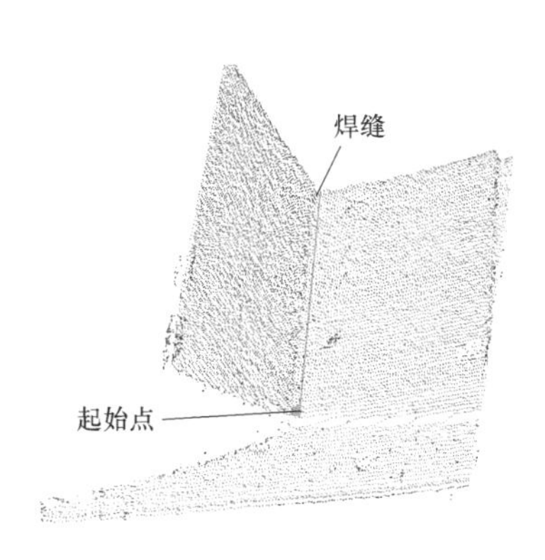

图 3-36　焊缝与起始点检测

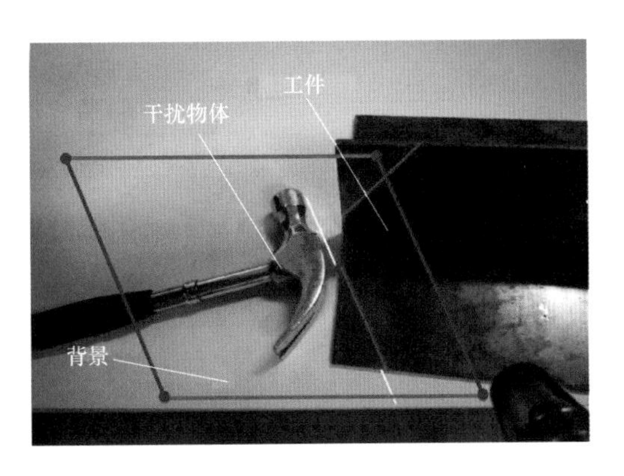

图 3-37　异常物体试验场景

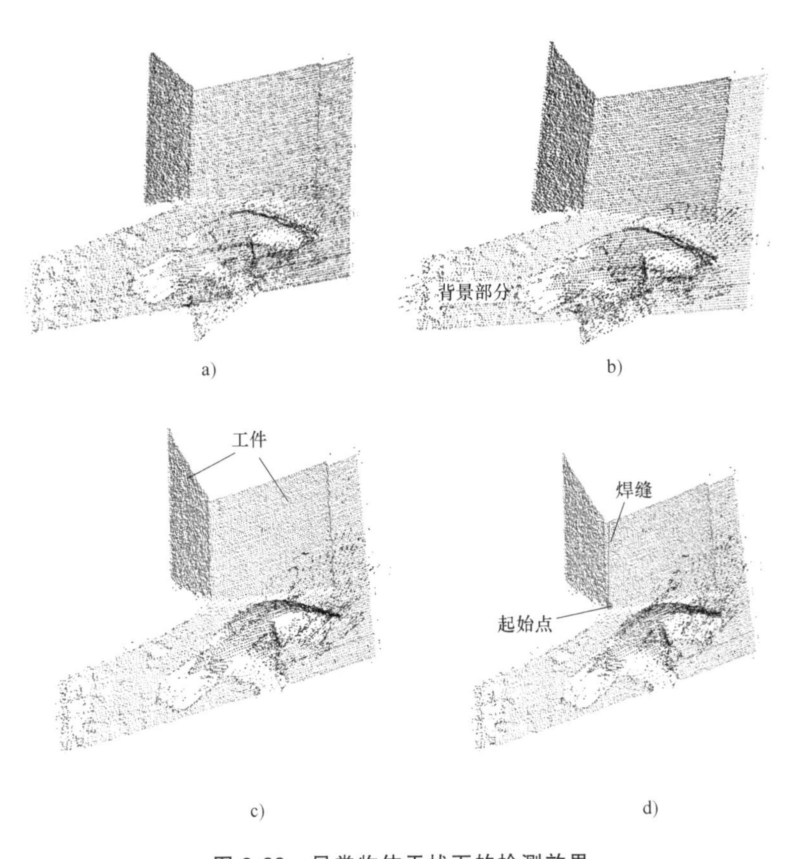

图 3-38　异常物体干扰下的检测效果

a）原始点云数据　b）背景减除　c）工件平面拟合　d）焊缝和初始点检测

知异常物体的干扰。

另外，采用单目被动视觉“一目双位”的方式也可以进行初始焊位导引，即通过控制摄像机在两个位置拍摄同一场景的图片，然后利用视觉系统标定技术、图像处理方法、图像匹配等获取焊接起始位置的三维信息，然后发送控制指令给机器人，使机器人末端自动运动到焊接起始位置，实现自主导引，其流程图如图 3-39 所示。

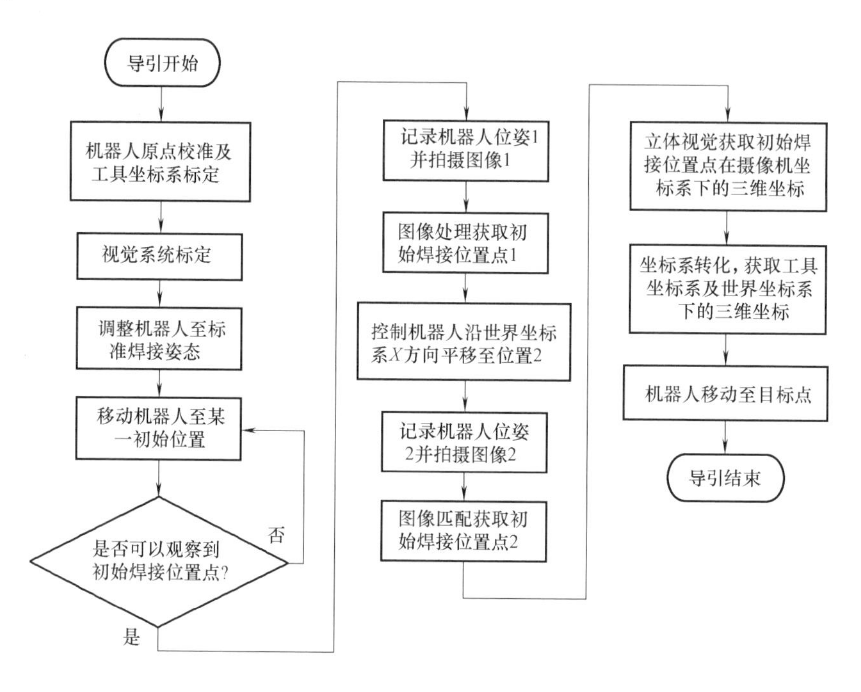

图 3-39　初始焊接位置导引流程

3.8　焊缝跟踪控制

3.8.1　实验系统

利用视觉系统辅助焊接机器人进行焊缝跟踪，需要进行焊接实验验证其稳定性与精度。选取了典型接头形式，如 T 形接头、对接 V 形坡口，进行焊缝的导引跟踪控制实验。焊缝跟踪实验系统如图 3-40 所示。使用脉冲 GMAW 工艺进行焊接。

在机器人进行焊缝跟踪之前，会由搜索过程传输一个坐标作为起始点。此后，焊接时只需要粗略示教起始点即可。跟踪时，系统程序经过图像处理和焊接接头拟合，再将拟合后的焊缝图像像素坐标以标定后的激光转换矩阵 ${}_{c}\boldsymbol{T}^{i}$ 和手眼矩阵 ${}_{t}\boldsymbol{H}^{c}$ 转换到机器人工具坐标系，这样就可以输出当前焊缝距离焊丝尖端点的三维偏差值。实时获取的偏差值可以用于控制机器人跟踪焊缝。焊缝跟踪这一过程的具体实现依赖于机器人厂商提供的接口。

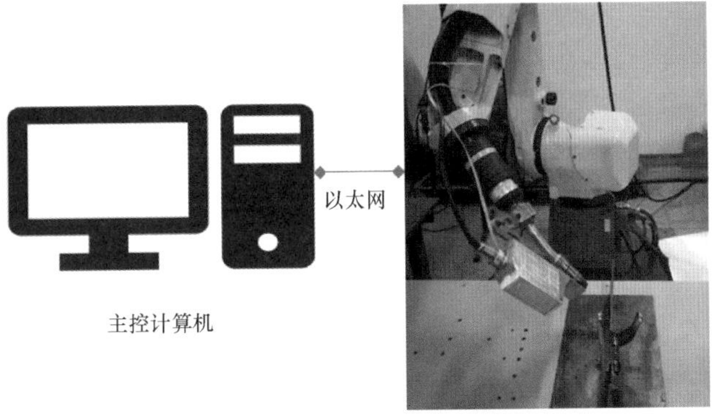

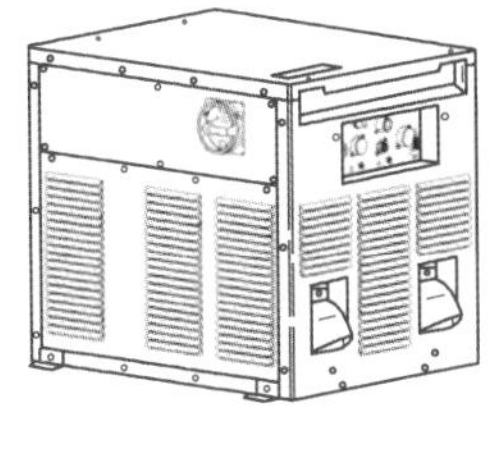

图 3-40 焊缝跟踪实验系统

3.8.2 精度验证实验

机器人跟踪性能最重要的指标之一是定位与跟踪精度。焊接跟踪过程中，跟踪误差是由各环节的误差积累而成。各环节的精度包括传感器本身的图像处理精度、定位精度和机器人作为执行机构的执行精度。将跟踪精度作为传感器的性能指标，能定量表示最终的焊缝跟踪效果，有必要设计实验测试这一性能指标。

跟踪系统的跟踪偏差可以定义为：焊接时当前焊丝尖端点到最近的焊缝中心的距离。在引弧状态下，由于热变形、弧光干扰等因素，无法准确得知真实的焊缝位置，焊丝尖端点的位置也无法准确测量，因此也无法准确定量测量偏差。考虑上述引弧状态的测量限制，这里从比较理想的示教轨迹和跟踪轨迹的角度出发，设计精度验证实验，定量分析焊缝跟踪系统的跟踪精度。

跟踪精度实验中，机器人会首先根据示教轨迹 t_1 运行，同时计算机会记录这一轨迹以作为参考，比较后续跟踪轨迹的偏差值。为了使 t_1 能够代表真实的焊缝中心位置，要求焊丝尖端点始终与角焊缝中心接触，这需要人为选取直线度好的工件，并且在示教过程中反复调整示教点和工件位置，确保这一示教轨迹能够代表真实的焊缝中心位置。然后执行搜索-跟踪过程，跟踪过程控制程序记录下执行轨迹 t_2，作为真实跟踪轨迹，与 t_1 的坐标进行对比，计算偏差。跟踪精度实验比较的是最终的执行精度。受限于测量手段，使用示教轨迹 t_1 的近似焊缝中心点的真实坐标，并通过将跟踪轨迹 t_2 与示教轨迹 t_1 的偏差作为跟踪的误差。

t_1 为一条直线，为了方便偏差的计算且简化表述，不妨设 t_1 的朝向为 $+Y$ 方向，t_1 中的轨迹点 P_i 是离散的，设为 $[X_i, Y_i, Z_i]^T$。此时，偏差可以视为一个在 XOZ 坐标系下的二维向量。由记录的理想示教轨迹可以确定 Y_i 处的焊缝中心点在 XOZ 中的坐标 $[X_i, Z_i]^T$。如图 3-41 所示，示教轨迹被记录后，将每一个轨迹点都看作真实的焊缝中心点。而后进行的跟踪过程中，会记录跟踪轨迹的某个点 P_t。

图 3-41 示教轨迹坐标系

角焊缝跟踪控制视频

3.8.3 焊缝跟踪结果

1. 对接 V 形坡口焊缝的跟踪

为了验证利用视觉传感技术进行焊缝跟踪的精度及其可靠性，首先进行了 V 形坡口的焊缝跟踪实验。焊接选用材料为 18mm 厚的 Q235 普通碳素钢板，采用脉冲 GMAW 焊接方式进行焊接，焊接参数见表 3-1。

表 3-1 Q235 钢 GMAW 焊接参数-对接 V 形坡口

参数名称	数值	参数名称	数值
焊接材料	Q235	接头形式	90°V 形
脉冲频率	125Hz	板厚	18mm
焊接电流	150A	焊丝直径	1.2mm
焊接速度	25cm/min	保护气体	80%Ar+20%CO_2
坡口间隙	0mm	气体流量	15L/min

图 3-42 所示为 V 形坡口焊缝跟踪的工件。

首先精确示教一条焊缝轨迹，用于对比跟踪轨迹的精度，按示教轨迹不引弧运行机器人程序，利用控制软件记录机器人行走轨迹作为对比项。

然后用激光视觉传感器寻找初始焊接位置并焊接，得到跟踪轨迹。图 3-43 所示为示教轨迹与跟踪轨迹的对比与误差分析。在整个焊接过程，X 方向误差小于 ±0.21mm，Z 方向为 ±0.18mm，运行过程流畅，焊缝成形质量好，满足机器人 GMAW 焊接生产要求。

2. 角焊缝的跟踪

可用角焊缝的跟踪焊接试验，对焊缝跟踪算法与图像处理算法对不同类型焊缝进行实时跟踪的稳定性与适应性进行验证。角焊缝的焊接参数见表 3-2。同样精确示教一条焊缝轨迹作为对比项并记录，进行自动化初始位置寻找并实施引弧跟踪焊

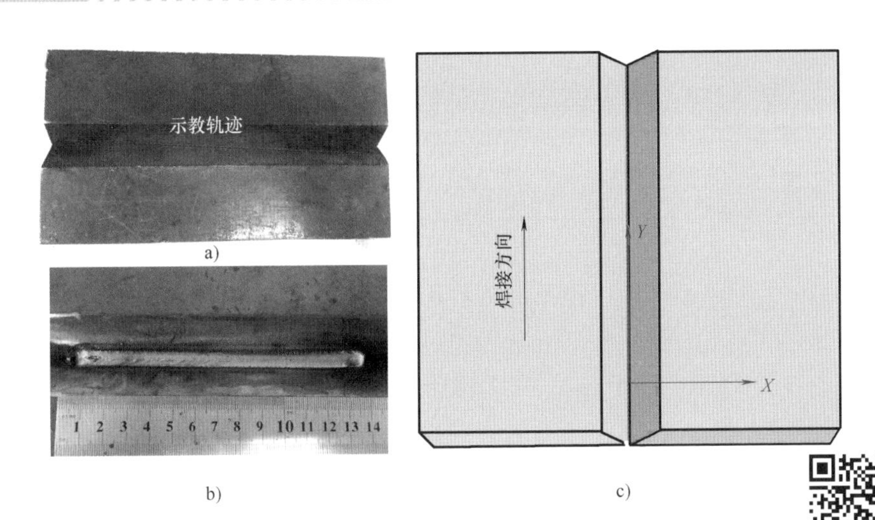

图 3-42　V 形坡口工件

a）未焊工件及示教轨迹　b）跟踪焊接后的工件　c）焊接方向示意图

V 形坡口焊缝跟踪控制视频

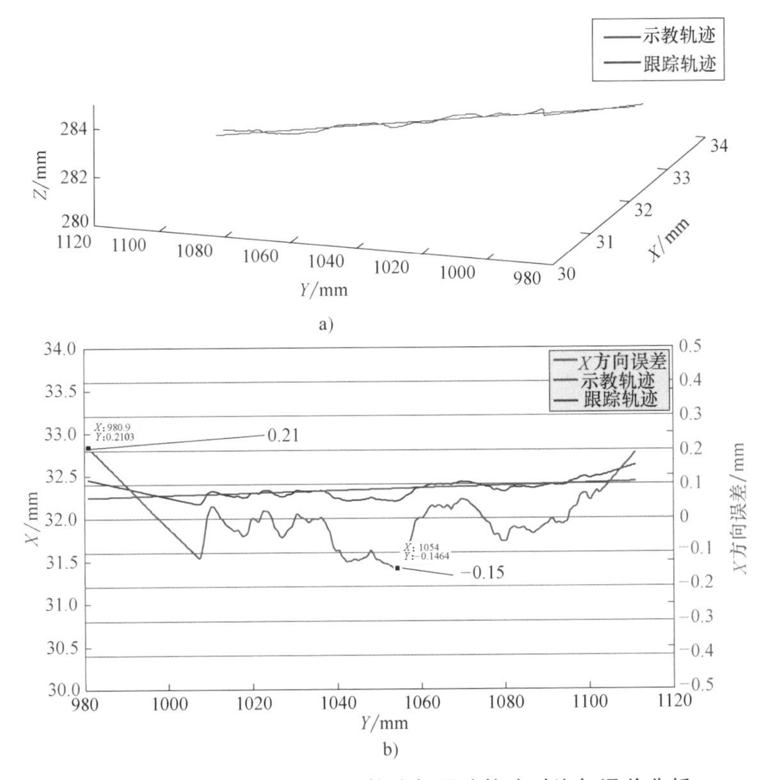

图 3-43　V 形坡口焊缝示教轨迹与跟踪轨迹对比与误差分析

a）跟踪轨迹与示教轨迹对比　b）跟踪轨迹与示教轨迹在 X 方向上的误差

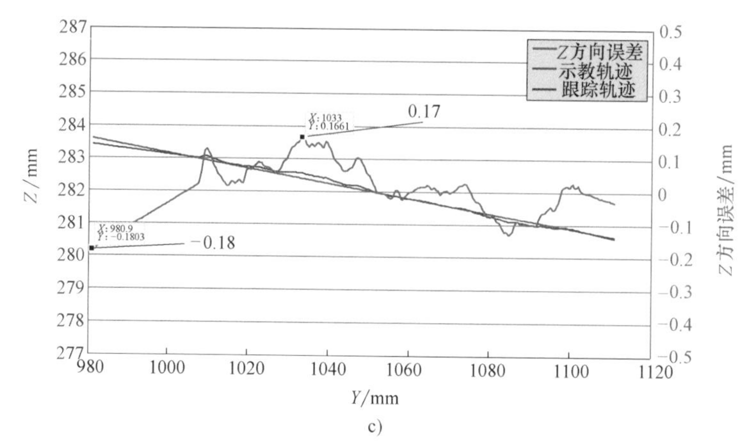

c)

图 3-43　V 形坡口焊缝示教轨迹与跟踪轨迹对比与误差分析（续）

c）跟踪轨迹与示教轨迹在 Z 方向上的误差

接。图 3-44 所示为角焊缝试验工件。图 3-45 所示为角焊缝示教轨迹与跟踪轨迹对比及误差分析。可知，在 x 方向和 z 方向上，跟踪焊接轨迹与示教估计误差不超过 ±0.22mm，x 方向为±0.22mm，z 方向为±0.07mm。与对接 V 形坡口焊接试验结果比较一致。证明了焊缝跟踪算法与图像处理算法的稳定性与精度能够满足机器人焊接过程实时控制的要求。

表 3-2　Q235 低碳钢 GMAW 焊接参数-角焊缝

参数名称	数值	参数名称	数值
焊接材料	Q235	接头形式	角接无坡口
脉冲频率	125Hz	板厚	6mm
焊接电流	100A	焊丝直径	1.2mm
焊接速度	25cm/min	保护气体	80%Ar+20%CO_2
坡口间隙	0mm	气体流量	15L/min

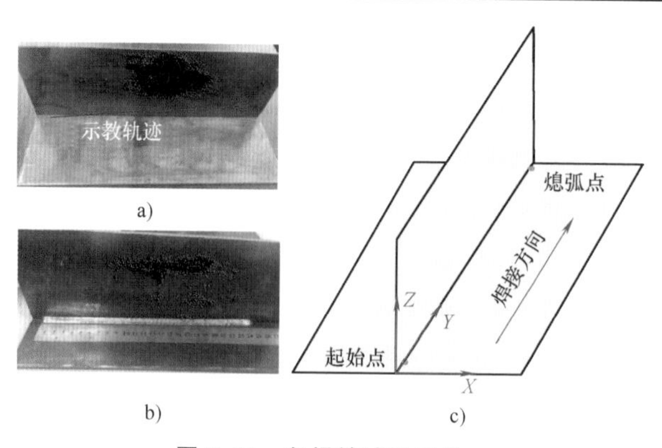

图 3-44　角焊缝试验工件

a）未焊工件示教轨迹　b）跟踪焊接后的工件　c）示意图

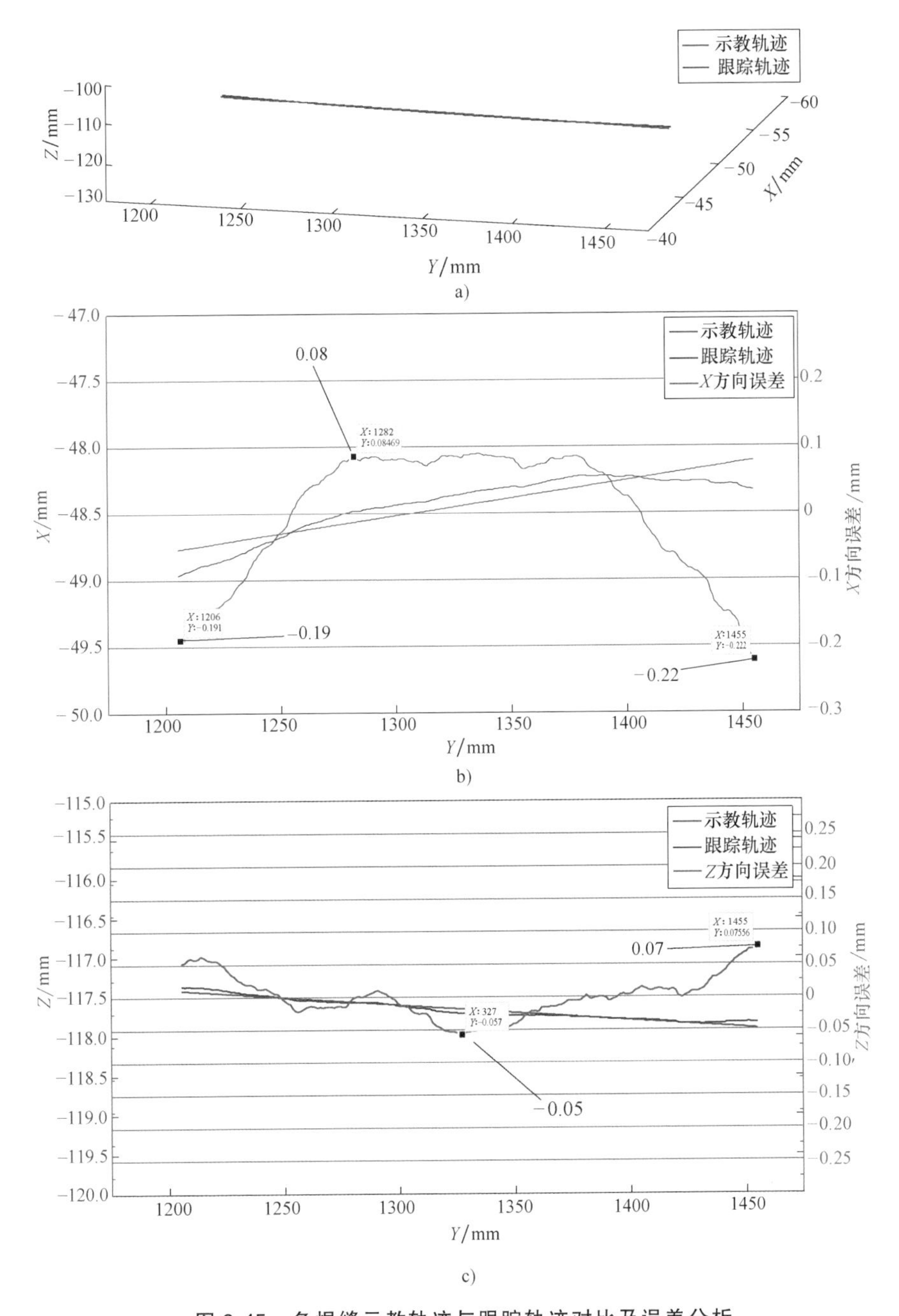

图 3-45　角焊缝示教轨迹与跟踪轨迹对比及误差分析

a）跟踪轨迹与示教轨迹对比　b）跟踪轨迹与示教轨迹在 X 方向上的误差

c）跟踪轨迹与示教轨迹在 Z 方向上的误差

本测试实验利用自行开发的焊缝跟踪控制软件，针对两种典型的焊缝，实现基于主动视觉的焊缝自动跟踪，在实际的焊接过程中可以有效地进行焊缝纠偏控制，焊缝跟踪系统装置主要技术指标如下：

1）最小识别间隙：0.5mm；焊缝接口识别精度：0.08mm；图像处理平均时间：0.1s。

2）焊缝跟踪偏差：①V形坡口跟踪精度 x 方向为±0.21mm，z 方向为±0.18mm；②角焊缝跟踪精度 x 方向为±0.22mm，z 方向为±0.07mm。

3.9 本章小结

1）简要介绍了机器人焊接视觉跟踪系统的基本构成及原理。

2）开展了不同形状焊缝图像处理技术的对比分析，针对焊缝起弧点导引与焊缝自主跟踪进行了研究，跟踪实验表明，机器人焊缝自主跟踪精度高，能够满足机器人焊接自动化的要求。

第4章 焊接机器人建模与控制

4.1 引言

机器人自动化焊接中需要对焊枪进行实时控制。传统的控制方法需要建立描述系统特性的模型（如微分方程、传递函数和状态方程等）。然而众所周知，机器人焊接系统是高度复杂的非线性系统，试图通过机理或试验建立描述机器人焊接系统的传统的模型不现实，也不精确。近年来发展起来的模型预测控制（model predictive control，MPC），因其只注重模型的功能而不注重其结构，所以在工业领域取得很大的成功，被广泛应用于石油化工行业，被公认为是一种解决多变量系统的带约束的最优控制问题的最有效的方法之一。

虽然 MPC 算法有诸多优势，但是在实际控制中，仍有众多难点需要被考虑和解决，如可靠性、优化解是否全局最优等，其中采用 MPC 纠偏主要不足之处在于计算量太大，提高控制时的计算速度十分关键。本章采用基于混合逻辑动态（mixed logical dynamics，MLD）模型的 MPC，解决带约束的混合整数二次规划（mixed integer quadratic programming，MIQP）的优化求解问题，怎样避免不能获取全局可行解而导致控制失败是一个十分现实的问题。本章将结合焊接过程的需要和特点，通过设置相关策略来有效解决上述问题。

4.2 机器人自动焊接中常见建模方法

机器人自动化焊接中针对焊缝跟踪使用的模型，常见的建模方法有传统建模和人工智能建模两种方式。

传统建模方法指的是采用经典控制理论中传递函数和现代控制理论中系统辨识的方法。例如：将电弧焊过程视为一个控制系统，将电弧焊过程的各个环节写成运动方程，对这些方程进行拉氏变换，综合各环节的拉氏变换式，从而求得整个系统动态过程的互动关系以及动态过程的数学表达式。辨识建模则根据控制对象输入/

输出响应的实验数据，采用数学处理的手段获得对象某种类型数学描述的估计模型。辨识建模有三个要素：数据、模型类和辨识方法。通常辨识分成以下四步。

第一步：设计实验，获取输入输出数据。实验之前要决定对哪些变量采样、采样间隔、实验长度、实验时的工况以及输入信号设计等。

第二步：选择模型结构。根据数学模型的用途，对实际对象的了解程度以及辨识算法的可行性，确定采用的模型类。

第三步：参数估计。包括确定合适的辨识准则（最小二乘准则、极大似然准则等），选取合适的参数估计算法，得到参数的估计值。

第四步：模型检验。检验估计得到的模型是否与实际对象特性吻合以及是否合乎应用要求。

人工智能建模包括模糊逻辑建模、粗糙集知识建模、神经网络建模、离散事件 Petri 网建模等。

基于模糊逻辑的建模可以认为是在特定模糊模型基础上的系统辨识，按照所采用的模糊模型的不同，基于模糊逻辑的建模方法可以分为两种：基于 Mamdani 模型的建模和基于 Sugeno 模型的建模。这两种模型都是采用一组 if-then 规则来描述系统的输入和输出之间的对应关系。

粗糙集知识建模是以具体研究对象的知识模型为基础，该模型来自该研究领域对某具体控制问题的归纳、约简和推理，可以是规则的集合，往往不用精确的数学公式描述。建模步骤主要包括：建模数据的获取、数据处理、条件约简、规则获取与约简和知识推理。

基于神经网络的建模实质上是将问题的输入、输出因素建立非线性联系，利用经验数据和训练方法无限逼近两者之间的真实联系。虽然神经网络模型的种类很多，但在建模中运用最为普遍的神经网络模型是多层前馈网络，其中又可以分为正向模型和逆模型两种。常用的神经网络模型有 back propagation（BP）网络、Radial basis function（RBF）网络和 adaptive resonance theory（ART）网络等。

Petri 网通过四个元素实现系统的建模：库所（place）、变迁（transition）、有向弧（directed arc）和托肯（token）。库所、变迁和有向弧表示了系统的静态结构和功能，而托肯的移动则描述了系统的动态行为。Petri 网可看作是结合了以上四种元素的一种特殊的双向有向图。本章后续章节将详细介绍 Petri 网建模过程。

4.3 智能化机器人焊接系统的混杂特性及模型预测控制研究

4.3.1 智能化机器人焊接过程的混杂特性

智能化机器人焊接系统（intelligentized robotic welding system，IRWS）是目前机器人和焊接领域研究中的热门课题，主要的技术领域涉及焊接过程多信息获取与融合技术、机器人运动控制技术、智能控制技术、焊接质量监控和计算机视觉技术等，属于典型的多学科交叉研究领域。IRWS 所涉及的主要技术包括焊接环境识别及任务自主规划，机器人运动导引与轨迹跟踪，焊接过程中运动、视觉和声光电等多信息传感与处理，焊接动态过程知识建模，焊缝成形和焊接质量的智能控制，以及 IRWS 的优化与协调控制技术等。上述焊接任务规划、信息传感、过程模型辨识、轨迹跟踪与控制、焊接质量控制等子系统软硬件集成设计、实现全局的优化调度与控制，涉及焊接制造系统的物料流、信息流的管理和控制，多机器人与传感器、控制器的多智能单元与复杂系统的控制以及焊接机器人的网络监控与远程控制等，所有这些过程中都无不体现 IRWS 系统的混杂系统（hybrid system，HS）特性。

IRWS 及其焊接过程控制可以划分为如下几个层次的 HS 问题。

（1）IRWS 导引跟踪与姿态运动控制中的 HS 特性　由于焊接工件加工与装配位置、间隙变化的分散性不可避免，焊接过程中的工件受热变形等不确定因素的存在，要求 IRWS 具有依据环境信息传感实现初始焊接位置寻找、焊缝识别的实时焊缝跟踪与纠偏，并平稳精确地控制机器人焊接轨迹与姿态运动是一个典型的机械运动切换系统的 HS 控制问题。

（2）IRWS 焊接过程信息处理的 HS 特性　焊接过程中运动、视觉和声光电等不同质多传感信息的融合处理，焊接动态过程知识提取涉及的连续与离散变量处理的 HS 特征。

（3）IRWS 电弧焊接动态过程控制中的 HS 特性　焊接电弧起始、稳弧焊接和熄弧停止焊接的过程中，根据熔池变化特征调节焊接电流；根据焊缝间隙、坡口以及变形信息的送丝速度调节、焊接速度调节以及保护气体变量的调节等，这些调节构成了焊接熔池动态连续过程的频繁的非线性切换、计算机数字离散和开关变量的 HS 控制问题。

（4）单机器人与多机器人 IRWS 控制中的 HS 特性　单机器人构成的 IRWS 中，对于焊接任务的规划、信息获取与处理、导引跟踪与焊缝纠偏控制、焊接参数调节、熔池特征的提取以及焊缝质量的控制等软硬件单元的通信都是通过中央控制计算机离散事件驱动协调控制来实现的。因而一个单机器人焊接工作站具有离散事件、逻辑变量、开关变量与连续变量共同作用的典型的 HS 特性。在由多机器人（焊接机器人、搬运机器人、工装变位系统等）构成的 IRWS 焊接工作站或生产线上，从焊接任务和多机器人协调控制层次来考察，系统运行主要是靠逻辑变量和离散事件触发，每台焊接机器人系统即已构成一个 HS 单元，多台机器人构成的 IRWS 焊接任务运行流程以及网络化和远程控制具有更为复杂的 HS 特性。

可见，IRWS 表现为系统宏观上的离散性为主特征，而其焊接动态过程在微观上则是连续性为主特征，具备了对 HS 描述的典型混杂特征。因此从 HS 角度研究 IRWS 及其焊接过程建模与控制将涉及 HS 理论与应用中几乎全部关键科学问题的探索，具有非常典型的代表性。

4.3.2 机器人T形接头多层多道自主焊接的HS分析

连续两道自主焊接过程既涉及硬件操作，又涉及信息处理。HS特性分析的最终目的是将对相关的软硬件的操作集成在外围软件系统中，从而实现机器人本体控制系统与外围软件系统对整体焊接过程的宏观管理。图4-1展示了连续两次焊接的标志性动作的切换过程。这一过程包括的状态有三个阶段：其一为“找、调”阶段，首先外围软件系统利用提取的焊缝轮廓特征信息对焊接跟踪点进行在线决策；其次为自主地完成下一焊接任务，外围软件系统也将利用视觉特征信息对焊接参数进行决策；最后还需根据视觉特征信息完成对焊枪主倾角的调整。其二为“跟”阶段，机器人本体控制系统根据外围软件系统实时决策的焊接跟踪点，完成对焊缝的跟踪和对焊枪的控制任务。其三为“回”的阶段，为完成第二次焊接，焊枪需回到下次焊接的起始点。需要指出的是在“跟”阶段，在利用示教器配合焊接时，系统起弧的设置条件有：焊接使能要设置成Enable；焊枪在焊接过程中移动的速度要设置为100%。为安全操作，通过设置相关变量，将系统成功引弧的诸多条件也纳入外围软件系统的判定中。另外，在上述三个阶段中，为顺利完成每一步操作，每一个阶段都要进行信息处理故障的监测，在接下来MLD模型的建立中将会详细述及。

对焊枪的位置状态而言，其中的“找、调”阶段和“回”阶段属于离散状态，“跟”阶段属于连续状态。这些不同状态（有限状态）的切换是根据焊枪所处的位置不同而发生，焊枪位置的改变即为状态改变的触发事件。对宏观过程而言，其实质是一个自动机（automaton）。注意：尽管在“跟”阶段为了实现纠偏必须建立准确的描述焊枪实时位置的方程，但是在宏观MLD描述中，却只关心焊枪的状态是处于自动机中的哪一环。

图4-1 连续两次焊接焊枪状态变化示意图

4.3.3 焊枪运动特性分析

由于引进的焊接机器人系统是产品化的系统，不允许外围软件系统对各轴进行协调控制。施焊中当需要对焊枪进行控制时，外围软件系统可以通过局域网向机器人本体控制系统发出通信请求，通过相应端口将焊枪下一时刻移动坐标信息发送给机器人控制系统，然后后者对各轴进行协调控制，最终求解出最佳方式完成对焊枪的控制。以机器人在世界坐标系下进行直线运动为研究对象，同时以其在Y方向的运动为例对焊枪运动特性进行分析。当系统设定的运动速度v一定时，不管外界设定的移动距离如何，其运动特性可以用图4-2进行描述。

图4-2中的Δy是焊枪在Y方向移动的偏移量。在$O \sim T_0$内焊枪以设定的速度v做匀速直线运动，是焊枪线性运动时段；当$t>T_0$时焊枪将停止运动，表示已经到达了设定的位置，是焊枪运动的饱和时段。因此焊枪的运动特性是既包括局部线性又包括局部饱和特性的非线性特性。在线性时段$O \sim T_0$内第i个采样周期后焊枪在Y方向的位置可描述为

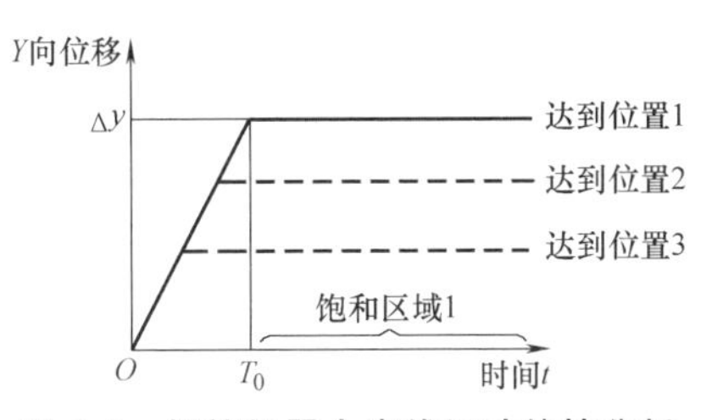

图4-2　焊接机器人直线运动特性分析

$$y(t+i)=y(t)+ivT(i=1,2,\cdots\cdots) \tag{4-1}$$

同理在Z方向上描述焊枪的实时位置时，也可以采用类似的描述式。当然，实际焊接中焊枪的运动是三个方向的合成运动，此时式（4-1）的速度为在Y和Z方向上的分解速度。这里T为采样周期，包括了图像采集与图像处理算法的运行时间。

4.3.4　机器人多层多道自主焊接过程的自动机描述

混杂系统的建模有多种方法，如聚合法和延拓法建模，也有采用分段区域线性化法的。本节对于机器人多层多道自主焊接过程的自动机（宏观MLD）的描述采用的是聚合法。

本节以试验中连续两道自主焊接过程为建模对象。图4-3示意了这一典型焊接过程。该过程涉及的典型操作包括：焊枪自第一个Home点（P_1）移动至焊接起点P_2，在P_2处外围软件系统完成焊道规划（即为接下来的焊接选择合理的焊接起始点。当然，在后续焊接过程中在每个采样周期也会完成类似的决策），同时根据相关输入信息完成焊接参数和焊枪倾角的在线调整；自焊接起点P_2始至焊接终点P_3，外围软件系统和机器人控制系统进行配合，完成焊枪对焊缝的跟踪及对焊枪的控制；焊接完成后焊枪先过渡到第二个Home点（P_4），最后由P_4返回P_1（设置P_4的目的是避免焊枪返回中与工具发生碰撞），为下一次焊接做准备。该典型焊接过程的顺序为$P_1 \to P_2 \to P_3 \to P_4 \to P_1$。

需要指出的是：P_1、P_2、P_3和P_4的位置要保证视觉传感器发出的光线照射P_2、P_3时能提取焊缝轮廓的特征点。当然，在焊接过程中视觉特征信息是否被成功提取，是否成功引弧和故障判定需在相应阶段考虑，相关内容将在接下来的MLD建模中阐述。

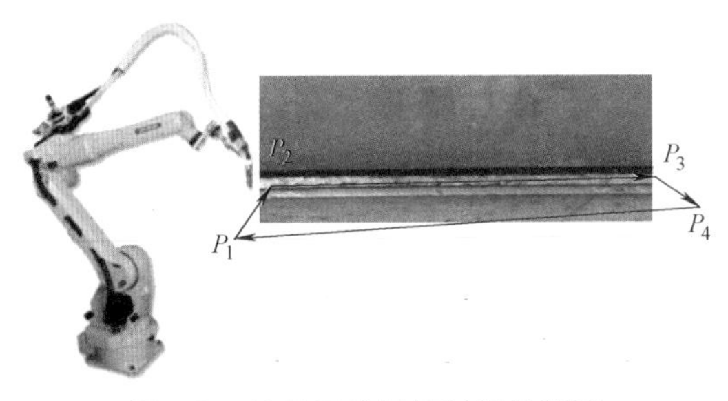

图4-3　连续两道焊接过程示意图

MLD 一般描述方程中的状态方程即为焊枪的位置及姿态信息。这里焊枪位置指的是其在世界坐标系中的位置信息 $x(t)$、$y(t)$ 和 $z(t)$，以及三个倾角信息 $w(t)$、$p(t)$ 和 $r(t)$。一般分别用 x_1 和 x_2 表示焊接方向（X 方向）上 P_2、P_3 点的坐标，且假设 $x_1<x_2$。

1. “找、调”阶段

“找、调”阶段对应于 P_2 点。需要完成的工作有：①打开激光器获取焊缝轮廓及其特征点，然后根据焊缝轮廓特征点及焊道规划知识确定下次焊接的起始焊接点，完成焊道规划；②根据获取的焊缝轮廓特征点及相关焊接知识对焊枪的主倾角进行微调；③根据获取的焊缝轮廓特征点及相关焊接知识对送丝速度、焊丝伸出长度和焊接速度进行调整。

在此阶段，焊枪处于有限状态的起始状态。焊枪所处的准确位置信息无须描述。将该起始状态定义为第一个逻辑状态，并用 $X_{\ell 1}(t)$ 进行标识。定义辅助逻辑变量 $\delta_1(t)$ 为 $[\delta_1(t)=1]\leftrightarrow[x(t)<x_1]$。就视觉特征信息提取而言，外围软件系统要提取焊缝轮廓及其特征点，如未能获取有效特征点，则要进行故障提示（如实际操作中可以通过判断提取的特征点是否位于设定的图像中的区域来进行反馈提示）。引入逻辑输入变量 $u_{\ell 1}(t)=1$ 定义为特征点识别有效。当外围软件系统成功地为接下来的焊接完成焊道规划时（已为焊枪实时决策出合理的跟踪点），用逻辑输入变量 $u_{\ell 2}(t)=1$ 来表示；当外围软件系统成功地为接下来的焊接参数（包括送丝速度、焊丝伸出长度和焊接速度）完成决策时，用逻辑输入变量 $u_{\ell 3}(t)=1$ 来表示；当外围软件系统成功地为接下来的焊枪姿态进行了微调时，用逻辑输入变量 $u_{\ell 4}(t)=1$ 来表示。定义辅助逻辑输入变量 $u_\ell'(t)=u_{\ell 1}(t)\wedge u_{\ell 2}(t)\wedge u_{\ell 3}(t)\wedge u_{\ell 4}(t)$。定义 $X_{\ell 1}(t)$ 的状态变迁为

$$[\delta_1(t)=1]\wedge[u_\ell'(t)=0]\rightarrow[X_{\ell 1}(t)=0] \tag{4-2}$$

$$[\delta_1(t)=1]\wedge[u_\ell'(t)=1]\rightarrow[X_{\ell 1}(t)=1] \tag{4-3}$$

注意：由于宏观 MLD 模型只关心焊枪所处的状态及对焊接过程的管理，不参与本章涉及的预测控制，因此本章中无须建立相关的约束描述。后续阶段采用类似处理。

2. “跟”阶段

即用 $X_c(t)$ 标记“跟”阶段。

（1）连续输入、状态和输出　机器人在焊接过程中的连续输入信号为焊接速度 v；连续状态变量为机器人的位置和姿态：$x(t)$、$y(t)$、$z(t)$、$w(t)$、$p(t)$、$r(t)$，其中倾角 $w(t)$ 和 $r(t)$ 在焊接过程中不变，主倾角 $p(t)$ 只在“找、调”阶段修改。

（2）离散输入　在“跟”阶段，外围软件系统既要为焊枪实时决策出合理的焊接位置，又要实时检测焊枪是否偏离焊接位置，如已偏离，还需对其进行纠偏。

用逻辑输入变量 $u_{\ell5}(t)=1$ 表示实时获取的 Y 方向上的偏差有效，$u_{\ell5}(t)=0$ 表示在 Y 方向上焊枪无须纠偏；用逻辑输入变量 $u_{\ell6}(t)=1$ 表示实时获取的 Z 方向上的偏差有效，$u_{\ell6}(t)=0$ 表示在 Z 方向上焊枪无须纠偏。

另外在“跟”阶段涉及引弧操作。实际焊接试验中经常会因为其他操作而影响焊接条件的达成。为方便焊接过程的管理，在外围软件中设置逻辑输入变量 $u_{\ell7}(t)$ 来模拟上述两个条件同时成立的状态：$u_{\ell7}(t)=1$ 能引弧；$u_{\ell7}(t)=0$ 不能起弧。

（3）事件产生器　引入辅助逻辑变量 $\delta_2(t)$ 表达“跟”阶段这一事件的产生，即 $[\delta_2(t)=1]\leftrightarrow[x_1\leqslant x(t)\leqslant x_2]$。

（4）系统状态方程　此阶段系统状态方程为

$$\begin{cases} x_c(t+1)=x_c(t)+v_xT \\ y_c(t+1)=y_c(t)+v_yT \qquad u_{\ell5}(t)=1 \\ z_c(t+1)=z_c(t)+v_zT \qquad u_{\ell6}(t)=1 \\ w_c(t+1)=w_c(t) \\ p_c(t+1)=p_c(t)+\Delta\theta(t) \\ r_c(t+1)=r_c(t) \end{cases} \tag{4-4}$$

或：

$$\begin{cases} x_c(t+1)=x_c(t)+v_xT \\ y_c(t+1)=y_c(t) \qquad u_{\ell5}(t)=0 \\ z_c(t+1)=z_c(t) \qquad u_{\ell6}(t)=0 \\ w_c(t+1)=w_c(t) \\ p_c(t+1)=p_c(t)+\Delta\theta(t) \\ r_c(t+1)=r_c(t) \end{cases} \tag{4-5}$$

当然也有 $u_{\ell5}(t)$ 和 $u_{\ell6}(t)$ 不同时为相同逻辑值的情况，这里不一一列出其他情况下的状态方程。$\Delta\theta(t)$ 为“找、调”阶段对焊枪倾角进行的角度调整量。v_x 为焊接速度在 X 方向的分解速度（无纠偏的情况下 X 方向为焊接速度方向），该速度不需要实时获取，这里仅仅为方便描述而引入，因为焊接中在 X 方向不需要纠偏。v_y、v_z 为焊接速度在 Y 和 Z 方向的分解，其分解方法将在随后述及。

3. “回”阶段

“回”阶段包括焊枪的两次连续移动：其一，当焊接达到位置 x_2 时熄弧，此时焊枪继续前进到达 P_4 点。设 P_4 点处在 X 方向上的坐标为 x_3。引入辅助逻辑变量 $\delta_3(t)$ 来表达焊枪位置条件见式（4-6）：

$$[\delta_3(t)=1]\leftrightarrow[x_2<x(t)<x_3] \tag{4-6}$$

其二，焊枪由 P_4 点重新返回第一个 Home 点 P_1。这一事件的触发标志为：

$[\delta_3(t)=1]$ 且 $[X_{\ell1}(t)=1]$。“回”阶段也无须描述焊枪的状态，只需要标识这一逻辑状态。引入逻辑状态变量 $X_{\ell2}(t)$ 来表示焊枪处于“回”的状态。

综上所述，厚板T形接头机器人连续两道自动焊接时焊枪状态变化过程如图4-4所示。

宏观MLD并不关心“跟”阶段焊枪的准确位置，只关心其“三个状态”的切换。通过对上述复杂焊接过程阶段性分割的分析，明确了外围软件系统在这一过程中需要建立的逻辑动态变量，以及如何通过检测这些逻辑变量的状态来检测焊枪的运动状态。对图4-4焊枪状态切换中定义的所有逻辑变量进行总结可知，典型的连续两次自主焊接设置的逻辑变量共有两种12个：一是辅助逻辑变量 $\delta_1(t)$、$\delta_2(t)$ 和 $\delta_3(t)$；二是逻辑输入变量 $u_{\ell1}(t)\sim u_{\ell7}(t)$。前者用于从位置信息上定义焊枪的三种状态，后者被控制软件用于根据外界输入信息来判断焊枪是否能维系所在的状态。另外，为了软件管理方便，$X_{\ell1}(t)$ 和 $X_{\ell2}(t)$ 两个逻辑变量被用来表征焊枪所处的逻辑状态。表4-1总结了所有的逻辑变量及其所表示的语义，而表4-2给出了各逻辑变量在控制软件中判定的依据。

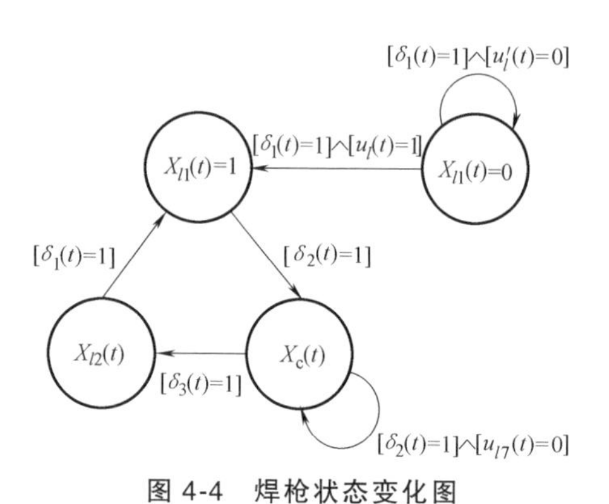

图4-4 焊枪状态变化图

表4-1 逻辑变量及其语义

逻辑变量	语义	程序中对应名称
$u_{\ell1}(t)$	焊缝轮廓特征点提取是否有效	Flag_fp
$u_{\ell2}(t)$	焊道规划是否完毕	Flag_bp
$u_{\ell3}(t)$	焊接参数在线决策是否完毕	Flag_wp
$u_{\ell4}(t)$	焊枪姿态调整是否完毕	Flag_p
$u_{\ell5}(t)$	焊枪在 Y 方向上的偏差提取是否有效	Flag_y
$u_{\ell6}(t)$	焊枪在 Z 方向上的偏差提取是否有效	Flag_z
$u_{\ell7}(t)$	是否可以成功引弧	Flag_arc
$X_{\ell1}(t)$	焊枪是否处于“找、调”状态	Flag_fadj
$X_{\ell2}(t)$	焊枪是否处于“回”状态	Flag_ba
$\delta_1(t)$	空间上定义焊枪处于“找、调”状态	Flag_delt1
$\delta_2(t)$	空间上定义焊枪处于“跟”状态	Flag_delt2
$\delta_3(t)$	空间上定义焊枪处于“回”状态	Flag_delt3

表 4-2 逻辑变量及其判定依据

逻辑变量	判定依据	备注
$u_{\ell 1}(t)$	限定特征点在图像平面坐标的范围为 $100<h<384$；$136<l<436$	h 是行坐标，l 是列坐标
$u_{\ell 2}(t)$	检查焊道规划推理的前件是否达成	焊接参数包括焊接速度、送丝速度和焊丝伸出长度
$u_{\ell 3}(t)$	检查针对焊接参数推理的前件是否达成	
$u_{\ell 4}(t)$	检查针对焊枪姿态调整推理的前件是否达成	
$u_{\ell 5}(t)$	设置焊枪在 Y 方向上的偏差范围为：$\pm 0.15\text{mm}<\Delta y<\pm 5\text{mm}$	
$u_{\ell 6}(t)$	设置焊枪在 Z 方向上的偏差范围为：$\pm 0.15\text{mm}<\Delta z<\pm 5\text{mm}$	
$u_{\ell 7}(t)$	程序初始化时设置 $u_{\ell 7}(t)$ = FAlSE，进入循环模式时要求其为 TRUE	要求 $u_{\ell 7}(t)$ = TRUE 时程序才能被继续执行
$X_{\ell 1}(t)$	$[\delta_1(t)=1]\wedge[u'_{\ell}(t)=1]$	
$X_{\ell 2}(t)$	$[\delta_3(t)=1]\wedge[X_{\ell 1}(t)=1]$	
$\delta_1(t)$	$x(t)<x_1$	
$\delta_2(t)$	$x_1\leqslant x(t)\leqslant x_2$	
$\delta_3(t)$	$x_2<x(t)<x_3$	

注意：①$u_{\ell 3}(t)$ 逻辑值的判定同时受三个焊接参数（焊接速度、送丝速度和焊丝伸出长度）是否被成功决策的影响，只有这些参数均被决策成功了，$u_{\ell 3}(t)$ 的逻辑值才被赋 TRUE，否则赋 FALSE，这里为了简单起见，将 $u_{\ell 3}(t)$ 的定义笼统化了；②$u_{\ell 7}(t)$ 对应的变量 Flag_arc 是全局变量，采用文本框外部输入的方式实时获取状态值。

在基于 Visual C++ 2008 平台编写的外围控制软件中，可以将上述 12 个逻辑变量设置为 BOOL 型变量来表征，初始状态均设置为 FALSE；将实时获取的焊枪在 X 方向的位置变量 X_position 定义为 Double 型变量。宏观 MLD 描述中逻辑变量在控制程序中的状态变化过程如图 4-5 所示。

4.3.5 模型预测控制与焊接

模型预测控制（MPC）又称为滚动时域控制（moving horizon control，MHC），是近年来被广泛讨论的一种反馈控制策略。由于 MPC 具有前馈-反馈结构，可以有效处理多变量、多输入和多输出系统的控制问题，能在线通过优化方式显示和主动处理全局物理约束[34]，因此得到了各工业领域的广泛关注。

MPC 只注重模型的功能而不注重其结构，从阶跃响应模型、线性状态空间模

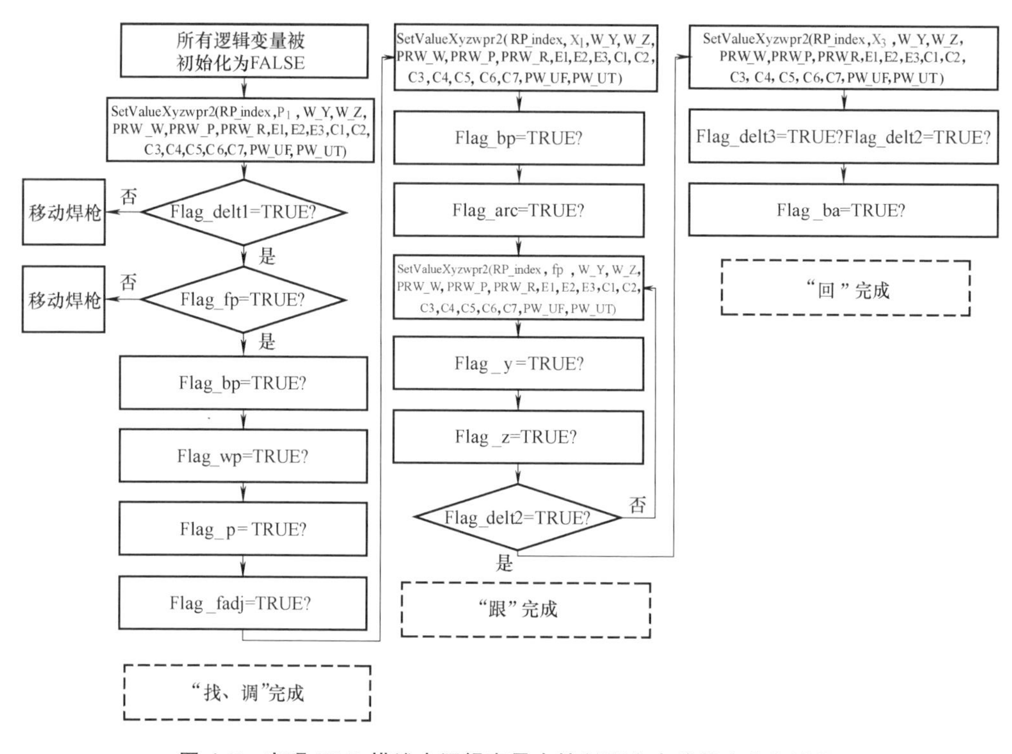

图 4-5 宏观 MLD 描述中逻辑变量在控制程序中的状态变化过程

型到非线性状态空间模型，甚至到混杂系统模型都可适用。由于混杂系统涉及诸多物理和逻辑约束，在实际控制中存在不同控制模式的切换，传统的控制方法难以满足混杂变量交互作用的情况，这些问题促使研究人员将 MPC 引入 HS 进行优化控制。

在焊接方面 MPC 也有较多应用，如将 MPC 用于 GTAW 的熔透控制，利用 MPC 获取优化焊接速度用于智能焊工训练系统，来指导焊接培训过程；相关的 MLD 模型，将焊接过程中的连续变量与离散变量联系起来，在此基础上选择合适的控制方法，成功将 MLD 应用于机器人 GTAW 的熔透控制中。值得注意的是，在进行铝合金薄板脉冲 GTAW 时，将焊接过程分为焊前运动、焊接运动和焊后运动，并将外围设备的状态，如电焊机的开启、送丝是否成功等考虑在整个过程中，采用连续变量与逻辑变量相结合的方式对其进行描述，MLD 能够成功实现机器人自主焊接过程控制。

4.3.6 MIQP 问题

模型预测控制，根据预测模型的不同分为线性模型预测控制（linear model predictive control，LMPC）和非线性模型预测控制（nonlinear model predictive control，

NMPC）。前者的求解过程是解决一个典型的含有不等式约束的二次规划（quadratic programming，QP）问题，后者则是求解非线性规划（nonlinear programming，NLP）问题。由于各种约束的存在，上述两种求解往往难以获取显式解，而只能通过在不同采样时刻在线获取优化解。

基于 MLD 模型的 HS 预测控制与非混杂系统所采用的预测控制不同的是，其求解过程中需同时面对逻辑和连续的动态变化的约束变量，其实质是一个混合整数规划问题，且当该问题采用二次范式作为优化目标时，即可归结为混合整数二次规划（MIQP）问题。当前解决 MIQP 问题常用的方法有分支界定法（branch & bound，B&B）、GBD（generalized benders decomposition）、OA（outer approximation）、分割平面法 CPM（cutting plane methods）、演化算法（如遗传算法、粒子群算法等）和模拟退火等方法。其中 B&B 算法被较多采用于 MIQP 问题的求解，其基本思想是：将离散变量松弛为连续变量，将原来的 MIQP 问题转化为普通的 QP 问题，通过求解一系列的 QP 问题来获取满足整数约束的 MIQP 问题的次优解或全局最优解。

但是，在线获得 MIQP 最优解面临的一个难题就是实时性问题，日本的研究人员将研究重点放在了 MIQP 求解处理器的开发上，已经成功应用于机器人各轴的协调控制。

4.4　焊枪偏差实时获取

传统的基于视觉传感的机器人焊接中，焊枪在跟踪焊缝时往往需要外围软件系统为其指定确切的跟踪点来完成跟踪任务。但是对于焊枪是否已准确到指定的跟踪点却无从知晓。实际中因机器人系统的精度和标定误差等原因，进行精确跟踪往往难以实现。因此需要一种方法能实时指示焊枪的位置，这样焊枪位置与指定的跟踪点之间偏差即可实时获得，然后根据该偏差可以实现对焊枪的精确纠偏。

本节利用新颖的视觉传感器在采集激光条纹的同时能采集完整的形貌规则的电弧区域。电弧的几何中心可以实时反映焊枪所处的位置。利用电弧的几何中心在焊缝图像中标记焊枪位置，以其为参考可实时获取焊枪与实际跟踪点的偏差值。

图 4-6 显示了此刻焊枪偏差的获取结果，而其获取流程如图 4-7 所示。在图 4-6 中突变点“2”为指定的跟踪点。B 点是激光条纹与焊枪处于同一截面时与跟踪点“2”对应的位置。A 点是电弧的几何中心，可由 A 点来近似标记此刻焊枪的实际位置。这样 B 点与 A 点之间的偏差即为此时焊枪偏离跟踪点的偏差。

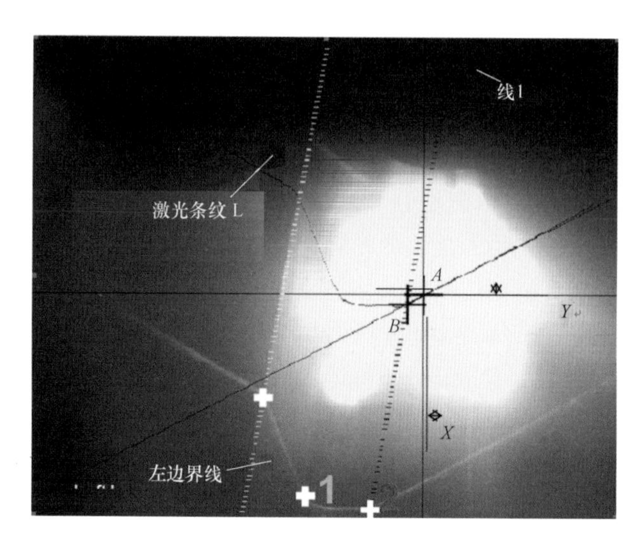

图 4-6 焊枪偏差获取结果示意图

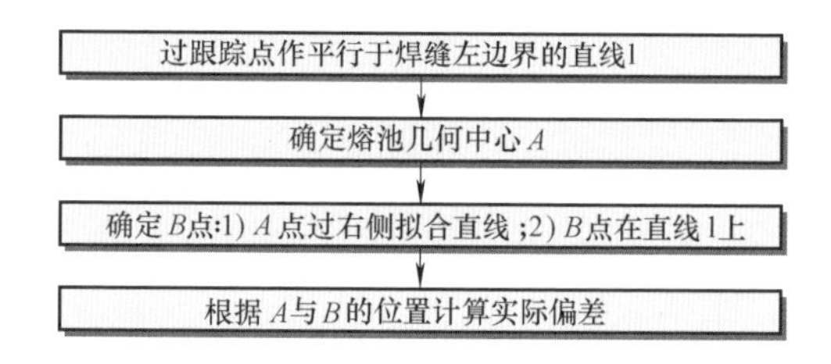

图 4-7 图像坐标系下确定焊枪偏差的流程

4.5 焊缝跟踪控制方案

本节中的控制方案有两个方面，一是每次焊接中（焊枪处于“跟”阶段）对焊枪的纠偏方案，二是机器人焊接系统自主完成整个试件焊接任务的控制流程。

4.5.1 焊枪纠偏控制方案

在实时确定了图 4-6 中焊枪的位置 A 及应跟踪的点 B 后，可根据 A 和 B 在世界坐标系下的坐标值实时获取焊枪在 Y 和 Z 方向上的偏差量。为了确定合理的控制方案，还需明确三个距离：第一是机器人机械臂移动的精度，其直接决定了焊枪移动的精度。FANUC M-20iA 型号的机器人机械臂移动的精度为 $E_1=\pm0.08$mm；第二是视觉系统和机器人手眼标定的精度为 $E_2=\pm0.15$mm。当检测焊枪在 Y 和 Z 方向上的偏差量处于上述两个精度范围内时，外围控制系统认为焊枪已处于合理的跟踪状态中，系统不予纠偏；第三是在纠偏中满足焊枪做近似线性运动的最小偏差量，

即只有当焊枪在 Y 和 Z 方向上的偏差量大于某个阈值时，焊枪做线性运动：$y(t+i)=y(t)+ivT$（$i=1$，2，……）才成立（T 是采样周期；Z 方向类似），否则焊枪会较早进入运动的饱和区。该阈值为 $E_3=\pm0.58\text{mm}$（$\pm0.71\text{mm}$）（下节中有详细分析）。

根据上述两个精度及一个阈值制定控制方案如下：①当在 Y 和 Z 方向上实时检测到的偏差值小于 E_2 时，不采取纠偏措施；②当检测的偏差值处于 E_2 和 E_3 之间时，为了简化控制过程，同时为满足焊接要求，采取的纠偏方式为直接补偿，即在当前采样周期内焊枪在 Y 和 Z 方向上设定的进给量为各自的偏差量；③当检测到的偏差量大于 E_3 时，采取 MPC 方法纠偏；④在 MPC 纠偏方式下，当在各方向上实时优化决策出的进给量大于±5.0mm 时，控制系统认为此决策结果失实，将上一采样周期中 MPC 决策的结果也作为本次决策结果。

实时处理中同一采样周期内在 Y 和 Z 方向上获取的偏差量可能不尽相同，但是采取的控制策略是一样的。由于在 Y 和 Z 方向上决策出的进给量的表达形式不同，用来预测焊枪在各方向上位置的表达式的形式也不相同。所以整个动态控制过程中描述焊枪运动特性的方程其实质是一个切换系统（switched systems，SS）。本节对焊枪进行控制的过程实际上包括两个切换：一是控制器的切换，属于主动切换（自适应切换），二是预测模型形式上的切换，表现形式为“决策出的偏移量的表达式”之间的切换，包括 Y 和 Z 只有一个方向需要纠偏情况下的切换，属于被动切换。切换系统的特点是包含有限个子系统或动态模型，同时附加一个切换律，使子系统之间可以切换。本节的切换律是根据焊枪在各方向上偏差量的大小选择相应的进给量。切换系统是典型的混杂系统之一。

图 4-8 所示为不同纠偏策略下的切换系统，而图 4-9 给出了焊枪处于“跟”阶段的控制流程。

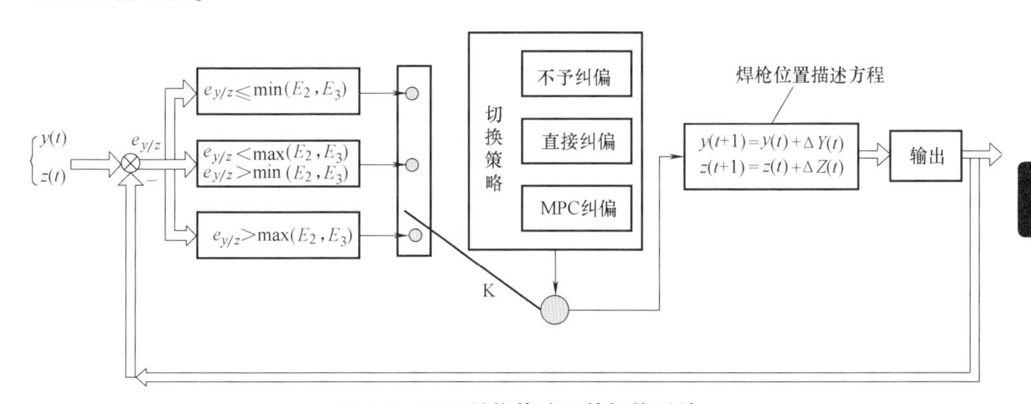

图 4-8　不同纠偏策略下的切换系统

研究中为了对比 MPC 纠偏的效果，也实现了基于实时获取的焊枪偏差值的增量式 PID 控制。其中采用 MPC 纠偏的方式又有两种：①以无弧条件下的跟踪轨迹作为参考输入的 MPC；②参考输入在各优化时域内均等的 MPC。

4.5.2 多层多道自主焊接控制流程

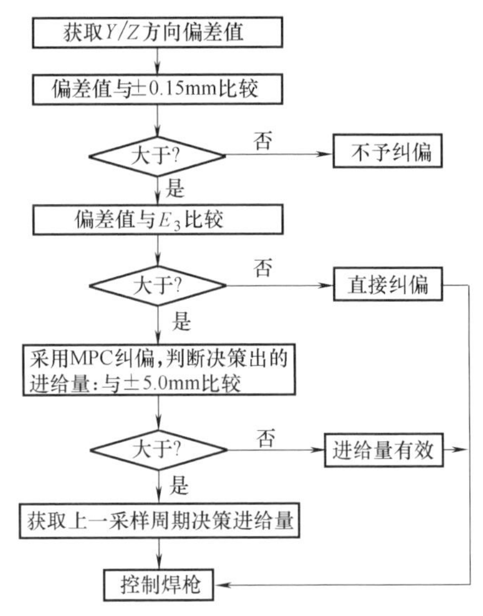

图 4-9 焊枪处于“跟”阶段的控制流程图

本节的控制流程指的是机器人连续两道自主焊接的操作流程，既涉及对焊枪的控制，又涉及焊道规划、焊接参数和焊枪姿态自适应调整。图 4-10 显示了整个焊接过程涉及的操作。如 4.3.4 所述，焊接时需指定四个点：第一个 Home 点（安全点）、起始焊接点、焊接终点和第二个 Home 点。在进行自主焊接之前首先需要手动移动焊枪，使得激光视觉传感器发出的光线照射至“起始焊接点”，目的是确认视觉处理系统能提取此刻的焊缝轮廓特征点，并自行判断哪一特征点为未来焊接时的跟踪点，该点作为

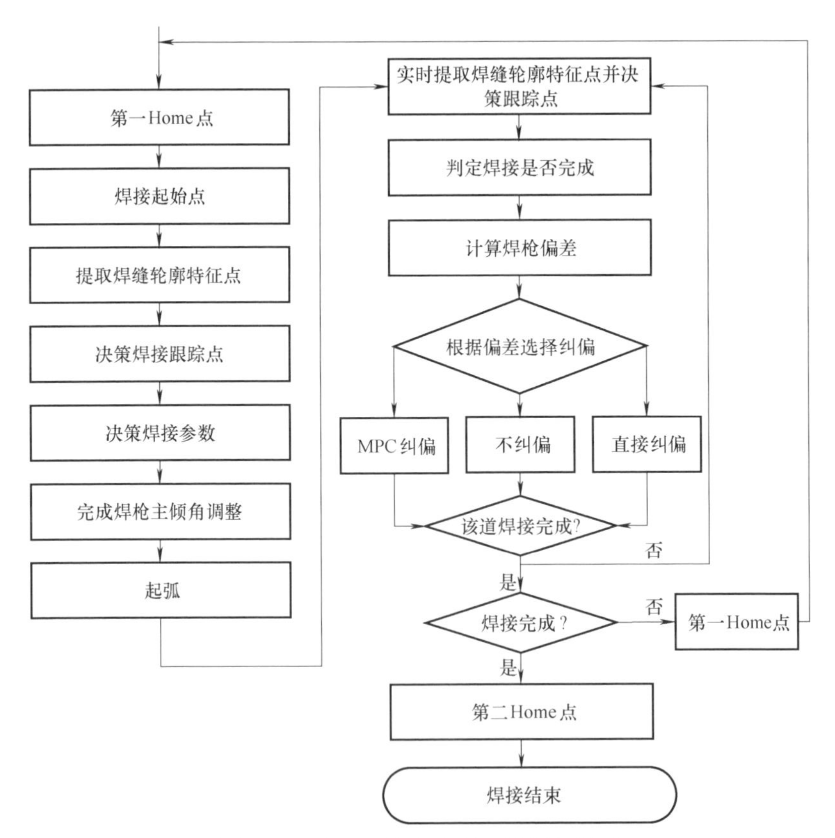

图 4-10 多层多道自主焊接控制流程图

“起始焊接点”。其次要手动移动焊枪至焊接结束位置，目的同样是使激光光线能照射至焊接结束点并保证焊缝轮廓特征点能被成功提取，将其作为“焊接终点”。在之后的焊接过程中，只要判定焊接过程尚未完成，则系统分阶段完成相关决策内容（焊接参数决策的结果要进行手动配置）。其中只要焊枪尚处于跟踪焊缝阶段，则通过前置的激光光线检测并判定焊缝轮廓特征点，以此来更新焊枪需要移动的位置，由此引导焊枪完成整个焊接过程，而不需要在焊接方向上进行插补来完成焊枪的移动[7]。

注意：当特征点提取在某个采样时刻被判定无效时（将特征点设置在某一范围内，该范围在打底焊引弧前寻找初始焊接点时可以被确定），该时刻的跟踪位置为上一个有效跟踪点坐标值加上偏移量 $v_y T(v_z T)$（其中 v_y 和 v_z 的确定将在后面章节介绍）。

4.6　无弧跟踪轨迹为参考输入的 MPC

无弧跟踪轨迹为参考输入的 MPC（tracking trajectory without arcing is reference input MPC，TTWARI-MPC）指的是：引弧焊接之前让机器人在不引弧情况下跟踪焊缝，通过图像处理系统记录焊枪运动轨迹（记录焊枪在 Y 和 Z 方向上的坐标值)，同时将这些位置信息进行标记，将其作为后续 MPC 的实时参考输入。该预测控制简称为 TTWARI-MPC。研究中无论采用何种 MPC 对焊枪进行纠偏，目标均为在 Y 和 Z 方向上实时优化出相应的进给量 Δy、Δz，然后达成合成运动。对焊枪进行纠偏的示意图如图 4-11 所示。

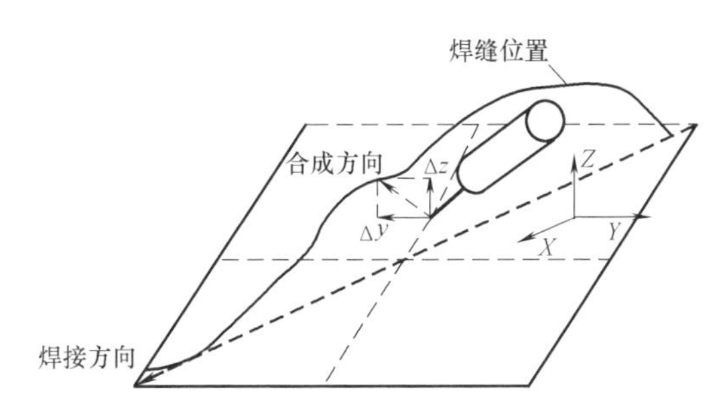

图 4-11　对焊枪在 Y 和 Z 方向进行纠偏的示意图

4.6.1　预测模型

如前所述，在焊枪的控制策略中需要设定 E_3 的值才能实现不同纠偏方式的切换。在采用 MPC 纠偏策略下，E_3 值的确立必须满足在优化时域内焊枪仍处于线性运动状态。以焊枪在 Y 方向的运动特性为例来分析预测控制中的预测模型。这里的预测模型指的是焊接中能描述焊枪位置信息的模型。根据焊枪运动特性，在线性

区域有

$$y(t+i)=y(t)+iv_yT(i=1,2,\cdots\cdots,P) \tag{4-7}$$

其中 v_yT 表示焊枪在 Y 方向每个采样周期内移动的距离。由于预测控制在 Y 方向上在线优化获取的进给量 Δy 不一定是 v_yT 的整数倍，因此可将式（4-7）进行如下修改：

$$y(t+i)\approx y(t)+\frac{i}{[a]}v_yTa(a\in R^+) \tag{4-8}$$

式中，$v_yTa=\Delta y$（T 是图像采样与处理周期，$T=0.02\text{s}$）；$[a]$ 为对 a 四舍五入并取整，且设定当 $[a]=0$ 时将其赋值为 0.25。

在需要纠偏的情况下 v_y 值的确定分两种情况，其一为只有 Y 方向有偏差，Z 方向没有偏差，此时只需决策出焊枪在 Y 方向上的进给量以实现纠偏，且焊接速度 v 分解为 v_y 和 v_x，且 $v_y\approx\frac{\sqrt{2}}{2}v$；其二为 Y、Z 方向同时有偏差。为在 Y 和 Z 方向同时纠偏，焊接速度 v 分解为三个方向，且 $v_y\approx v_z\approx v_x\approx\frac{\sqrt{3}}{3}v$。

式（4-8）能应用于预测模型的条件是：在有限的预测时域 P（后续计算将 P 设定为 10）内焊枪在 Y 或 Z 方向未进入其运动特性的饱和区域，即焊枪在该时长范围内尚处于运动状态。这一条件下焊枪在这两个方向上需要的最小偏差量为：$10T\frac{\sqrt{3}}{3}v=10\times0.02\text{s}\times\frac{\sqrt{3}}{3}\times5\text{mm/s}=0.58\text{mm}$（在焊接过程中 5mm/s 是最小焊接速度）或 $10T\frac{\sqrt{2}}{2}v=10\times0.02\text{s}\times\frac{\sqrt{2}}{2}\times5\text{mm/s}=0.71\text{mm}$（只在其中一个方向上检测出焊枪的有效偏差）。因此在上述设置参数条件下，可将 E_3 设置为 0.58mm 或 0.71mm。E_3 的设置可根据在 Y 和 Z 方向上实时检测出的偏差情况动态设定。

当根据视觉信息在 Y 和（或）Z 方向实时获取的偏差量大于 0.58mm（0.71mm）时，t 时刻假定在 Y 方向上连续给定 M 个（控制时域，这里设定为 3）进给量 $\Delta y(t)=v_yTa_0$ （$a_0\in\mathbf{R}_+$），$\Delta y(t+1)=v_yTa_1$ （$a_1\in\mathbf{R}_+$），……，$\Delta y(t+M-1)=v_yTa_{M-1}(a_{M-1}\in\mathbf{R}_+)$（给定的未来 M 个进给量中 v_y 的设定与当前时刻在 Y 方向上确定的分解速度一致。在 Z 方向上采用 MPC 纠偏时的处理与之类似），则可预测出未来各个时刻的输出值近似为：

$$y_M(t+i|t)=y_0(t)+\sum_{j=0}^{\min(M,i)}\frac{i-j}{[a_j]}v_yTa_j(i=1,2,\cdots\cdots,P) \tag{4-9}$$

式中，$y_0(t)$ 是焊枪在 Y 方向上的初始位置。

在直接纠偏策略下，偏差量 e_y 满足：$0.15\text{mm}<e_y<0.58\text{mm}$（0.71mm）。由于在一个采样周期内焊枪移动的距离为 0.058mm（0.071mm），该距离远小于检测出

的 e_y，因此在此情况下可由式（4-10）预测焊枪在 Y 方向上的位置：

$$y(t+i)=y_0(t)+iv_yT(i=1,2) \tag{4-10}$$

式（4-9）和式（4-10）中的 v_y 是动态变化的。

同理，可以获得在 MPC 纠偏策略下 Z 方向在 M 个连续的进给增量 $v_zTa'_0(a'_0\in\mathbf{R}_+)$，$v_zTa'_1(a'_1\in\mathbf{R}_+)$，……，$v_zTa'_{M-1}(a'_{M-1}\in\mathbf{R}_+)$ 作用下未来各时刻的输出值近似为：

$$z_M(t+i|t)=z_0(t)+\sum_{j=0}^{\min(M,i)}\frac{i-j}{[a'_j]}v_zTa'_j(i=1,2,\cdots\cdots,P) \tag{4-11}$$

在直接纠偏策略下：

$$z(t+i)=z_0(t)+iv_zT(i=1,2) \tag{4-12}$$

综上所述，在不同的实时焊缝偏差信息下描述焊枪在 Y 和 Z 方向上的位置模型如下：

$$y(t+i|t)=\begin{cases}y_0(t)+iv_yT(i=1,2), & \pm0.15\text{mm}<e_y<\pm0.58\text{mm}(\pm0.71\text{mm})\\ y_0(t)+\sum\limits_{j=0}^{\min(M,i)}\dfrac{i-j}{[a_j]}v_yTa_j, & e_y>\pm0.58\text{mm}(\pm0.71\text{mm})\end{cases} \tag{4-13}$$

$$z(t+i|t)=\begin{cases}z_0(t)+iv_zT(i=1,2), & \pm0.15\text{mm}<e_z<\pm0.58\text{mm}(\pm0.71\text{mm})\\ z_0(t)+\sum\limits_{j=0}^{\min(M,i)}\dfrac{i-j}{[a'_j]}v_zTa'_j, & e_z>\pm0.58\text{mm}(\pm0.71\text{mm})\end{cases} \tag{4-14}$$

上述关于焊枪在 Y 和 Z 方向上预测模型的表达式显然属于 MLD 中的分段仿射系统。对于式（4-13），引入辅助逻辑变量 δ_6、δ_7 和 δ_8 定义如下：

$$[\delta_6(t)=1]\leftrightarrow[e_y<\pm0.58\text{mm}(\pm0.71\text{mm})] \tag{4-15}$$

$$[\delta_7(t)=1]\leftrightarrow[e_y>\pm0.15\text{mm}] \tag{4-16}$$

$$[\delta_8(t)=1]\leftrightarrow[e_y\geqslant\pm0.58\text{mm}(\pm0.71\text{mm})] \tag{4-17}$$

其中令 $\delta_9=\delta_6\delta_7$。同时引入两个连续辅助变量如下：

$$z_1(t)=\delta_9(t)iv_yT \tag{4-18}$$

$$z_2(t)=\delta_8(t)\sum_{j=0}^{\min(M,i)}\frac{i-j}{[a_j]}v_yTa_j \tag{4-19}$$

于是式（4-13）可以变换为：

$$y(t+i|t)=y_0(t)+z_1(t)+z_2(t) \tag{4-20}$$

产生的约束有：

$$\begin{cases}e_y<M'-[M'-(\pm 0.58)]\delta_6(t)\\e_y>\pm 0.58+\varepsilon+[m'-(\pm 0.58)-\varepsilon]\delta_6(t)\\e_y<\pm 0.15-\varepsilon-(\pm 0.15-M'-\varepsilon)\delta_7(t)\\e_y>m'+(\pm 0.15-m')\delta_7(t)\\e_y<\pm 0.58-\varepsilon-(\pm 0.58-M'-\varepsilon)\delta_8(t)\\e_y>m'+(\pm 0.58-m')\delta_8(t)\\-\delta_6(t)+\delta_9(t)\leqslant 0\\-\delta_7(t)+\delta_9(t)\leqslant 0\\\delta_6(t)+\delta_7(t)-\delta_9(t)\leqslant 1\\\delta_8(t)+\delta_9(t)\leqslant 1\\\delta_i(t)\in\{0,1\}\ (i=6,7,8,9)\end{cases}\tag{4-21}$$

式（4-21）以 0.58mm 情况代表不等式约束内容（下同）。同理，对于式（4-14）有类似的处理：

$$\begin{cases}[\delta_{10}(t)=1]\leftrightarrow[e_z<\pm 0.58\text{mm}]\\[\delta_{11}(t)=1]\leftrightarrow[e_z>\pm 0.15\text{mm}]\\[\delta_{12}(t)=1]\leftrightarrow[e_z\geqslant\pm 0.58\text{mm}]\\\delta_{13}(t)=\delta_{10}(t)\delta_{11}(t)\\z_3(t)=\delta_{13}(t)iv_zT\\z_4(t)=\delta_{12}(t)\sum\limits_{j=0}^{\min(M,i)}\dfrac{i-j}{[a'_j]}vTa'_j\\z(t+i|t)=z_0(t)+z_3(t)+z_4(t)\end{cases}\tag{4-22}$$

$$\begin{cases}e_z<M'-[M'-(\pm 0.58)]\delta_{10}(t)\\e_z>\pm 0.58+\varepsilon+[m'-(\pm 0.58)-\varepsilon]\delta_{10}(t)\\e_z<\pm 0.15-\varepsilon-(\pm 0.15-M'-\varepsilon)\delta_{11}(t)\\e_z>m'+(\pm 0.15-m')\delta_{11}(t)\\e_z<\pm 0.58-\varepsilon-(\pm 0.58-M'-\varepsilon)\delta_{12}(t)\\e_z>m'+(\pm 0.58-m')\delta_{12}(t)\\-\delta_{10}(t)+\delta_{13}(t)\leqslant 0\\-\delta_{11}(t)+\delta_{13}(t)\leqslant 0\\\delta_{10}(t)+\delta_{11}(t)-\delta_{13}(t)\leqslant 1\\\delta_{12}(t)+\delta_{13}(t)\leqslant 1\\\delta_i(t)\in\{0,1\}\ (i=10,11,12,13)\end{cases}\tag{4-23}$$

式（4-21）与式（4-23）中的 $m'=\pm(0.15\pm\varepsilon)$mm，$M'=\pm(5.0\pm\varepsilon)$mm。由于 $y(t+i|t)$ 中的 v_y 和 $z(t+i|t)$ 中的 v_z 与焊枪在 Y 和 Z 方向上是否有偏差有关，所以 v_y 和 v_z 是动态变化的，因此本预测模型属于参数时变 MLD。

4.6.2 基于带约束遗传算法的 MPC 滚动优化设计

MPC 经典的动态优化过程可用图 4-12 表示。MPC 在实时滚动优化阶段需要将预测值与给定的参考输入进行比较，且在某一时刻需要将自该时刻起未来 P 个采用周期内的参考输入与预测值进行比较，最终使得预测输出与期望输出尽可能接近，即图 4-12 中阴影部分的面积最小。采用 MPC 纠偏的最终目的是在 Y 和 Z 方向上实时优化出 M 个进给量 $\Delta y(t)$、$\Delta y(t+1)$，……，$\Delta y(t+M-1)$ 和 $\Delta z(t)$、$\Delta z(t+1)$，……，$\Delta z(t+M-1)$，并将第一个进给量 $\Delta y(t)$ 和 $\Delta z(t)$ 作用于焊枪，该进给量引导焊枪在上述方向对坐标位置进行微调以完成跟踪。

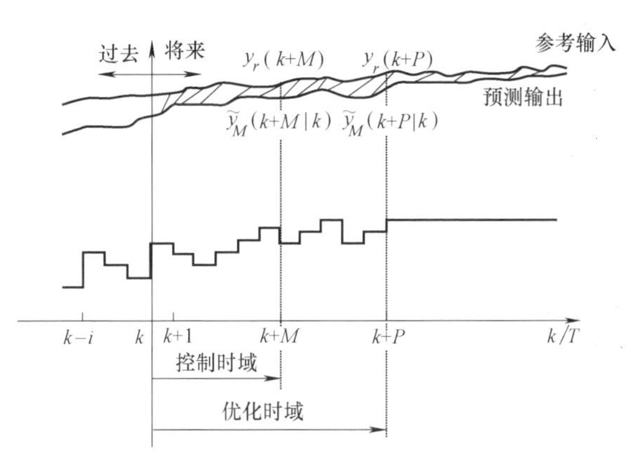

图 4-12 MPC 优化策略

1. 参考输入的确定

如上所述，为实现基于 MLD 的 MPC 首先需要获取参考输入。为了获取有效的参考输入数据，采用先不引弧仅让焊枪对焊缝进行跟踪，在跟踪中实时提取焊缝特征点来引导焊枪跟踪，在完成跟踪的同时记录每一时刻特征点的坐标值。另外为了将这些数据区分开来，需要对这些坐标值在时间上进行标注。标注时理想的状态是：图像处理系统的每一采样周期（包括了图像处理时间）对应一次记录时间。即记录时间的间隔与采样周期一致。为此，研究中采用 OpenCV 中的 Multimedia Timers 定时器对焊枪跟踪过程进行标记。利用该定时器对事件进行时间标记时包括四个步骤。

1）利用 timeGetDevCap 函数设置分辨率（实验中图像采样与处理的周期为 20ms，因此可以将分辨率设置为 20ms）。

2）利用 timeSetEvent 函数来设置一个时间定时事件。

3）写对应的回调函数，如：

```
voidCALLBACK OneShotTimer(UINT wTimerID, UINT msg, DWORD dwUser, DWORD dw1, DWORD dw2)
{
            NPSEQ npSeq;              // pointer to sequencer data
            npSeq = (NPSEQ) dwUser;
            npSeq->wTimerID = 0;      // invalidate timer ID(no longer in use)
            TimerRoutine(npSeq);      // handle tasks
}
```

4）采用 timeKillEvent 函数销毁回调函数。

图 4-13 演示了从时间上标记焊枪在不引弧情况下跟踪焊缝实时保存的在 Y 和 Z 方向上的世界坐标值 $\omega_y(t+i)$、$\omega_z(t+i)$（$i=1$，2，……，P）。

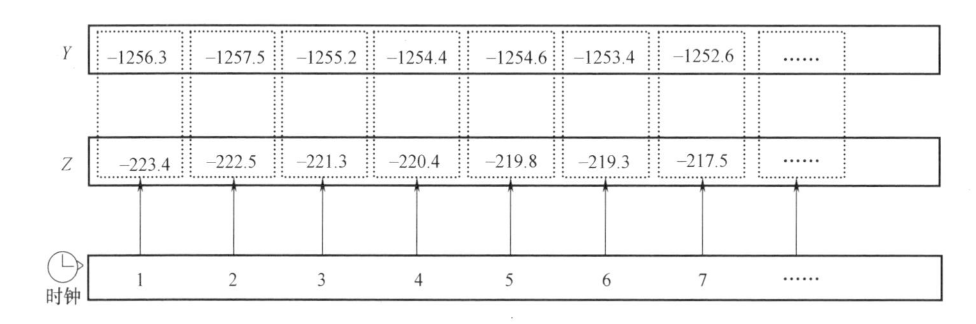

图 4-13　采用时间标记参考输入示意图

这样，通过时间数组的标记值可以方便调取保存在相应数组中的 Y/Z 的坐标值，为后续滚动优化做好准备。

2. 带约束遗传算法

MPC 是一种以优化确定控制策略的算法。在每一时刻 t，要确定从该时刻起的 M 个控制增量 $\Delta y(t)$，$\Delta y(t+1)$，……，$\Delta y(t+M-1)$ 及 $\Delta z(t)$，$\Delta z(t+1)$，……，$\Delta z(t+M-1)$，使被控对象在上述作用下未来 P 个时刻的输出预测值 $y_M(t+i|t)$ 和 $z_M(t+i|t)$（$i=1$，2，……，P），尽可能接近给定的期望值 $\omega_y(t+i)$ 和 $\omega_z(t+i)$（$i=1$，2，……，P）。通常 t 时刻的优化性能指标取为

$$\min J(x) = \sum_{i=1}^{P} q_i[\omega_y(t+i) - y_M(t+i|t)]^2 + \sum_{i=1}^{P} q'_i[\omega_z(t+i) - z_M(t+i|t)]^2 + \sum_{j=1}^{M} r_j(v_y Ta_j)^2 + \sum_{j=1}^{M} r'_j(v_z Ta'_j)^2 \tag{4-24}$$

式中，q_i、q'_i、r_j 和 r'_j是权系数。q_i、q'_i的大小表示优化中对第 i 时刻逼近期望值的重视程度。q_i、q'_i越大，则越要求预测值逼近期望值；反之，q_i、q'_i越小，越可以

放松预测值对期望值的逼近要求。在参数整定时，可先置 r_j 和 r_j'为 0，然后根据仿真情况对其进行微调且适当增大。在 MPC 优化中需要考虑的约束条件即为式（4-21）和式（4-23）。需要注意的是约束条件中涉及逻辑变量，且该变量可看作整型变量，对应的优化过程即为 MIQP 求解过程。

采用式（4-24）作为性能指标时，当优化时域（这里设置为 10）和控制时域（这里设置为 3）选定后，在遗传算法（genetic algorithm，GA）实施过程中相当于同时优化 20 个实数 a_j、a_j'(j=1，2，……，10)，为了降低时间消耗，同时为了不让焊枪剧烈运动，实验中除了采用式（4-17）来限制各进给量过大的波动外，还另外设置了它们最大的波动幅度为 5mm，为此可以确定 a_j 和 a_j'在 GA 中设定的最大范围为 12，且将其设定为四位有效数字。

如前所述，在解决 MIQP 问题时 B&B 算法可以在较短的时间内获取相应问题的次优解，且当 MIQP 问题的规模不是很大时，该算法在收敛速度和精度上比遗传算法和进化策略更具有优势。但是由于涉及两个优化对象 Δy 和 Δz（多维输入问题），采用 B&B 算法不便有效同时获取多维输入的优化解，而采用改进的遗传算法却可以方便解决这一问题。

采用遗传算法实时优化获取在 Y 和 Z 方向的进给量时需要考虑三个方面的问题：①MIQP 问题；②算法早熟问题；③实时性问题。

首先对于 MIQP 问题，其涉及连续变量的不等式约束和离散形式 0 与 1 的整数约束。对于解决前者的方法，目前多采用可行域搜索法、多目标法和惩罚函数法。其中惩罚函数法是应用最多的方法，该方法需要设置惩罚因子，且该因子严重影响优化结果，需要根据实验和经验设置。诸多后续研究集中在如何避免这一因子的选择，其中，将外点法应用于遗传算法，在解决约束优化问题的同时实现问题的优化，具有较快的收敛速度，同时又能以非常大的概率求得全局最优解。因此这里采用外点法将 GA 中每次出现的不满足约束条件的个体进行处理，并用处理的结果替换原来的个体。外点法求解约束优化问题如下：

$$\begin{cases}\min J(x) \\ s.t.\quad g_i(x)\leqslant 0, i=1,2,\cdots\cdots,M \\ \qquad\ \ h_j(x)\geqslant 0, j=1,2,\cdots\cdots,P \\ \qquad\ \ x\in X\subset R^n, x=(x_1,x_2,\cdots\cdots,x_n)\end{cases} \tag{4-25}$$

计算步骤如下：

1）给定初始点 $X^{(0)}\in R^n$，初始罚因子 $r_i^{(0)}>0$（i=1，2），迭代精度 ε'，递增系数 c_1，c_2>1，维数 n，置 $1\Rightarrow k$；

2）以 $X^{(k-1)}$ 为初始点，用无约束最优化方法求解惩罚函数 $\varphi[X,\ r^{(k)}]$ 的极小点 $X^{(k)}$，这里：

$$\varphi[X,r^{(k)}]=f(x)+r_1^{(k)}\sum_{j=1}^{p}\{\min[0,h_j(X)]\}^2+r_2^{(k)}\sum_{i=1}^{m}\{\max[0,g_i(X)]\}^2 \tag{4-26}$$

3）检验是否满足迭代终止条件。令：

$$\tau_1=\max_{1\leqslant j\leqslant p}\{|h_j(x)|\},\tau_2=\max_{1\leqslant i\leqslant m}\{|h_i(x)|\}$$

$$T=\max(\tau_1,\tau_2)$$

4）若 $T<\varepsilon'$，则迭代结束，取 $X^{(k)}\Rightarrow X^*$，$f[X^{(k)}]\Rightarrow f(X^*)$；否则令 $c_1r_1^{(k)}\Rightarrow r_1^{(k+1)}$，$c_2r_2^{(k)}\Rightarrow r_2^{(k+1)}$，置 $k+1\Rightarrow k$，返回进行第 2）步。

对于离散形式的整数约束，采用类似于 B&B 算法的处理形式，即放松式（4-21）、式（4-23）及目标函数式（4-24）中涉及的整数约束，使其能在［0，1］之间任意取实数值，而一旦通过优化决策出相应逻辑变量的实数值后进行如下判定：

$$\delta_i=0 if \delta_i\in[0,0.5),else \delta_i=1(i=6,7,\cdots\cdots,13)$$

研究中采用实数编码方式。利用外点法处理约束条件并作用于 GA 中的交叉、变异算子，得到混合遗传算法。

其次对于算法早熟问题，根本原因在于种群进化过程中失去了多样性。为解决或者降低早熟问题，目前诸多算法均围绕如何使得 GA 在优化的同时保持个体的多样性，多采用两种方式进行，其一采用自适应策略将 GA 中的交叉概率和变异概率进行动态调整；其二是适时向群中增添新的个体。为尽可能避免早熟的出现，可同时采用上述两种方法。对于在优化过程中向种群中增加个体以维持群的多样性，可采用的方法为：在迭代次数达到总的迭代数目的三分之二后向种群中增加 10%的随机个体。

最后是实时性问题。为保障从焊缝信息特征提取到 MPC 优化决策的实施这一过程的实时性，应从软硬件同时入手。在软件方面，为了节省时间开销，研究中采用多线程编程方式（设置两个独立的线程执行 Y 和 Z 方向的纠偏量的优化）。在算法实现上，除了尽可能优化相关算法外，将 OpenCV 与 Visual C++ 2008 结合起来，这样可以从前者中调用现成的库函数以减少程序的运行时间。另外，为减小 GA 的时间开销，将 Y 和 Z 方向每次优化的进给量都限制在四位有效数字。在硬件方面，研究中通过在主板上面配置固态硬盘并增加内存来提高 PC 的运行速度。

4.6.3 TTWARI-MPC 的反馈校正

MPC 的第三个内容是反馈校正以纠正因模型适配、环境干扰等未知因素产生的偏差。在进行校正之前要将在线优化中获取的第一个各方向的进给量送入预测公式以计算出此时焊枪的预测值：

$$y_{M,1}(t)=y_0(t)+\Delta y(t) \tag{4-27}$$

$$z_{M,1}(t)=z_0(t)+\Delta z(t) \tag{4-28}$$

到下一采样时刻，传统的反馈校正是将被控对象的实际输出与模型预测输出形成的偏差采用加权的方式计入预测模型公式中，以形成新的更准确的预测模型算式。由于能实时提取焊枪位置与焊缝的偏差值 $e_y(t+1)$、$e_z(t+1)$，因此将该偏差值纳入模型预测纠正中，形成如下的修正公式：

$$
\begin{aligned}
y_{M}^{Cor}(t+1) &= y_{M,1}(t)+h_1 e_y(t+1) \\
z_{M}^{Cor}(t+1) &= z_{M,1}(t)+h_2 e_z(t+1)
\end{aligned}
\tag{4-29}
$$

4.6.4　MPC 的离线仿真

基于上述 MPC 的设置流程，为获取理想的设置参数，在焊接中实施在线控制之前进行了离线仿真。仿真平台为 Matlab。仿真中在反馈校正阶段，采用实际输出与预测模型输出之差作为输出误差，利用该输出误差来修正未来输出的预测。仿真中设置的参数分类如下：

1. 预测模型相关参数的设置（表 4-3）

表 4-3　预测模型中设置的参数

采样周期 T	焊接速度 v	控制时域 M	优化时域 P	最小进给量 m	MPC 最小进给量 m'	MPC 最大进给量 M'	公差 ε
20ms	5~8mm/s	3	10	±0.15mm	±0.58mm	±5.0mm	10^{-5}

2. 给定输入

仿真时给定输入为常数 $\omega_y(t+i)=5.0(i=1,2,\cdots\cdots)$。

3. 外点法相关参数（表 4-4）

表 4-4　外点法相关参数

迭代精度 ε'	递增系数 c_1	递增系数 c_2	初始罚因子	
			$r_1^{(0)}$	$r_2^{(0)}$
10^{-5}	8	8	$r_1^{(0)}=\min\limits_{1\leqslant j\leqslant m}\{r_j^{(0)}\},r_j^{(0)}=\dfrac{0.02}{ph_j[X^{(0)}]J[X^{(0)}]}$	$r_2^{(0)}=\max\limits_{1\leqslant i\leqslant m}\{r_i^{(0)}\},r_i^{(0)}=\dfrac{0.02}{mg_i[X^{(0)}]J[X^{(0)}]}$

4. GA 相关参数设定（表 4-5）

表 4-5　GA 相关参数

种群规模	交叉概论 p_c	变异概率 p_m	选择方式	迭代次数 N	交叉方式	变异方式	基因长度
25	自适应	自适应	轮盘赌	20	单点	单点	4

由于对 Y 和对 Z 方向进行 MPC 优化控制的过程类似，这里给出的仿真结果可以认为是其中之一个方向上的。仿真结果如图 4-14 所示。

仿真结果显示：①MPC 相应能以较快速度跟踪参考输入；②控制方案中对 GA

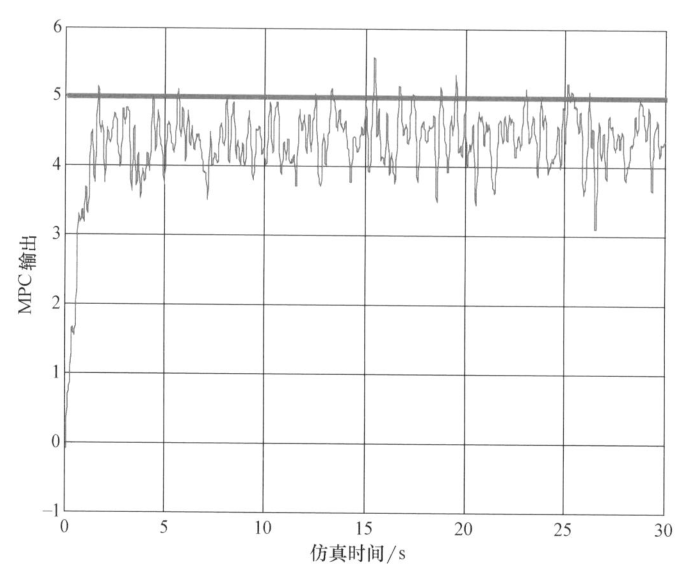

图 4-14 基于 GA 算法的参考输入恒定的 MPC 仿真结果

可能出现的早熟进行了判定，并采取了有效处理，有助于相应的平稳过渡，为后续焊接的平稳进行打下了基础。

4.6.5 TTWARI-MPC 焊接试验

由于是多层多道焊，试件的每一侧缝隙需要填充 11 道（腹板板厚为 50mm 情况下）才能盖面。为减少篇幅，这里只介绍两道采用 TTWARI-MPC 纠偏的焊接试验。

为获取参考输入，在不起弧情况下让系统完成从起始点到焊接结束点之间的跟踪试验，同时用 Multimedia Timers 定时器对焊枪跟踪过程获取的焊缝位置数据进行标记。类似的跟踪试验进行 3 次，将记录的数据取平均值作为最终有效的参考输入（下同）。为了获取采用 TTWARI-MPC 纠偏的误差数据，在焊接前通过示教方式精确移动焊枪采集焊缝图像，然后通过离线处理方式获取焊缝位置。类似的试验同样进行 3 次，将获取的平均数据作为计算误差的参考（下同）。

采用的焊接参数见表 4-6。

表 4-6 T 形接头不同焊道焊接参数

焊道编号	焊丝伸出长度/mm	送丝速度/(cm/min)	焊接速度/(mm/s)	焊枪主倾角/(°)
1	27	900	5	23°
2	25	900	5	30°
3	25	900	5	35°
4	25	850	5	27°
5	20	850	5	35°

（续）

焊道编号	焊丝伸出长度/mm	送丝速度/(cm/min)	焊接速度/(mm/s)	焊枪主倾角/(°)
6	20	850	6	30°
7	20	800	7	27°
8	20	850	6	40°
9	20	850	7	35°
10	20	850	8	30°
11	20	800	8	25°

以打底焊为例。激光光线相对焊枪的前置量约为35mm（下同）。两板之间的间隙约为3mm。焊枪的初始姿态由人为初调。试件固定于工装时人为将焊缝偏离焊接方向，在焊接终点位置偏离值达10mm左右，以在Y方向上形成一定的、变化的偏差量。根据焊接流程运行外围软件的焊接控制程序，使激光光线到达已保存的起始点。此时软件系统根据实时提取的焊缝轮廓突变点自行判定合适的焊接位置以完成第一次焊道规划，同时完成焊接参数的判定（此时焊枪姿态不用调整，在设定起始焊接点时已将焊枪调整到合适的姿态）。当上述准备工作完成后（后续每次焊接完成后外围软件系统将会判定整个焊接过程是否已完成，如果判定要继续焊接，则在这一阶段还要完成焊枪姿态的微调），外围软件系统判断已设置的条件是否满足，如满足则发出可以引弧的提示，这时操作焊接电源完成引弧。引弧后的焊接过程中只需实时更新跟踪点，并将跟踪位置实时传送给机器人控制系统，由该控制系统引导焊枪移动。打底焊采集的焊缝图像如图4-15a所示。引弧前及引弧过程中提取的焊缝轮廓如图4-15b所示，实时识别的突变点如图4-15c所示，并将其中的斜率突变点1、2的几何中心决策为本次焊接过程中的跟踪点。

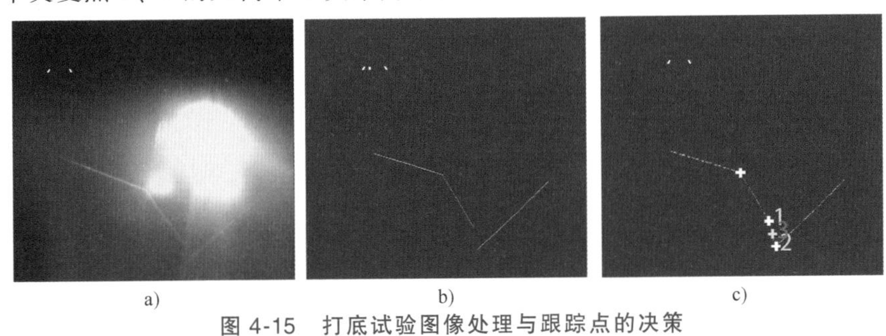

a) b) c)

图4-15 打底试验图像处理与跟踪点的决策

a）原始焊缝 b）提取的激光条纹 c）提取的特征点及决策的跟踪点

打底跟踪试验正面焊接结果如图4-16a所示，背面结果如图4-16b所示。焊接反馈电流约235A，反馈电压约27V。焊接结果显示背面熔透较好，两面成形也较好。

焊接长度约为130mm，采样周期为20ms，获取有效焊缝图像数目为1576帧。TTWARI-MPC控制过程中获取的焊缝位置与上述平均数据的偏差为其最终控制误差，且类似的处理方式也用于其他焊缝跟踪控制试验的误差分析。在Y和Z方向上焊接跟踪控制数据分析如图 4-17 所示。图 4-17 中的“跟踪且纠偏”指的是采用跟踪数据为参考输入的 TTWARI-MPC 纠偏（下同）。

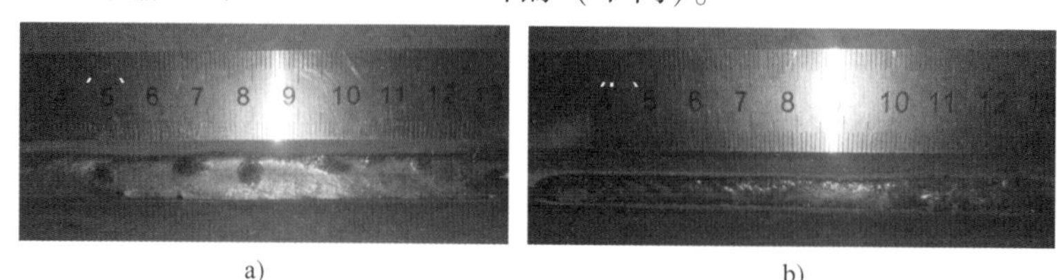

a)　　　　b)

图 4-16　打底试验中 TTWARI-MPC 控制焊接结果

a）正面跟踪焊接结果　b）背面成形情况

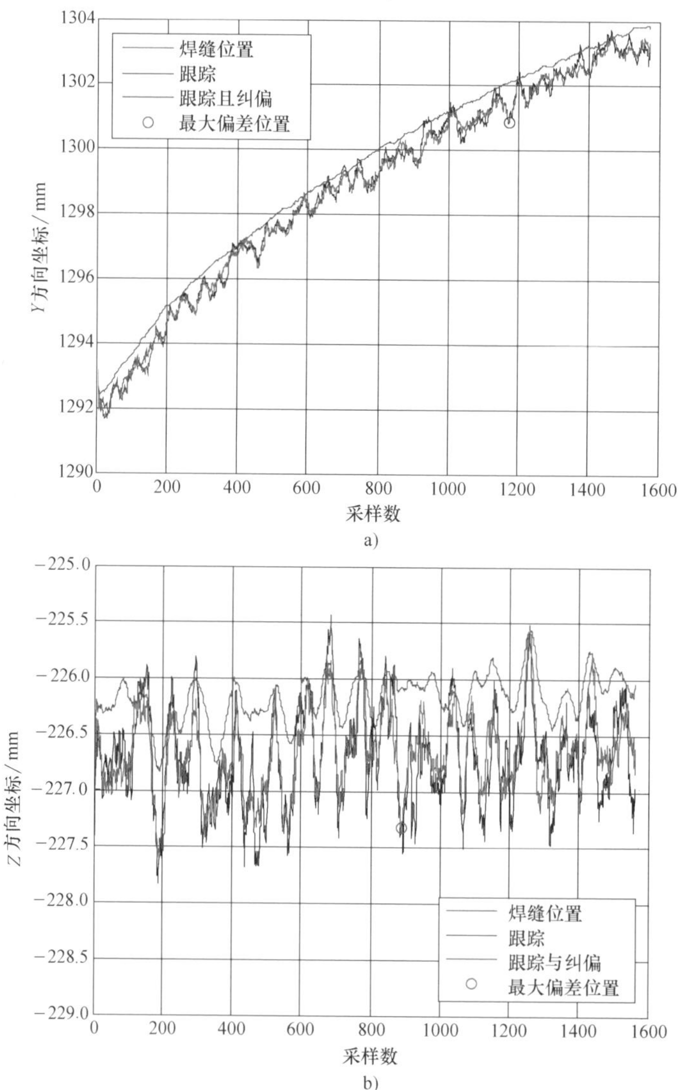

图 4-17　打底焊试验 TTWARI-MPC 控制数据分析结果

a）Y 方向采用 TTWARI-MPC 纠偏情况　b）Z 方向采用 TTWARI-MPC 纠偏情况

经离线处理分析：在 Y 方向上仅采用跟踪方式产生的最大偏差值为 1.65mm；采用跟踪数据为参考输入的 TTWARI-MPC 纠偏产生的最大偏差为 1.48mm，提高了跟踪精度；在 Z 方向上仅采用跟踪方式产生的最大偏差值达 2.17mm，而采用跟踪数据为参考输入的 TTWARI-MPC 纠偏产生的最大偏差仅为 1.27mm，同样提高了跟踪精度。

4.7　优化时域参考轨迹均等的 MPC

第二种控制方法为优化时域内参考轨迹均等（reference input constant in optimal time domain，RICOTD）的 MPC，简称为 RICOTD-MPC。在 RICOTD-MPC 中记录每个采样周期下经图像处理获取的焊缝位置，然后将优化时域内的参考输入均设置为相应记录的结果，其他的设置不变。例如将优化时域设置为 10 个采样周期，则在此时间范围内焊枪在焊接方向上移动的距离为 v_xPT。由于 v_x 在试验中的最大值为 8mm/s（焊枪在 Y 和 Z 方向上均没有偏差的情况），则在上述优化时域内焊枪移动的最大距离约为 $v_xPT \approx 8\text{mm/s} \times 10 \times 0.02\text{s} = 1.6\text{mm}$（实际中 v_x 小于 8mm/s，这一计算距离将小于 1.6mm）。因此在如此小的移动距离内将参考输入均设置为前 10 个采样周期获取焊缝位置，对焊接效果影响不大。这样处理的一个优点是不需要不引弧情况下获取参考输入，提高了焊接效率。这一方案可用图 4-18 表示。

为了验证 RICOTD-MPC 的有效性，首先也将其用于打底焊接试验中。试件两板之间的间隙设置为 4mm；焊接过程采用的焊接参数与 TTWARI-MPC 的类似；手动将焊枪的初始姿态调整到合适状态。采集和处理焊缝图像如图 4-19 所示。焊道规划的决策结果仍为两个斜率突变点的几何中心，这也是焊接跟踪点。焊接速度决策为 5mm/s，送丝速度决策为 900cm/min，焊丝伸出长度决策为 27mm。焊接效果如图 4-20 所示，纠偏数据分析如图 4-21 所示（图中的“MPC 纠偏”指的是 RICOTD-MPC 纠偏。下同）。

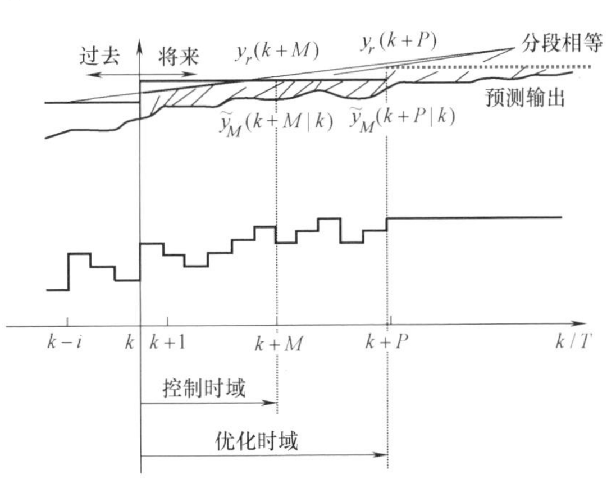

图 4-18　分段优化时域参考输入均等的 MPC

本次试验采集的焊缝图像达 1511 帧。在 Y 方向上纠偏产生的最大偏差为 1.98mm，Z 方向上纠偏产生的最大偏差为 2.23mm。因对参考输入采用了近似处理，获取的纠偏效果与 TTWARI-MPC 相比变差。

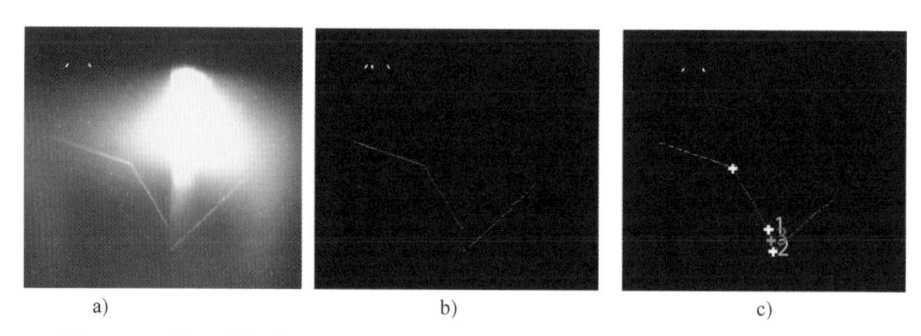

图 4-19 第二次打底 RICOTD-MPC 控制下焊接过程中的图像采集与处理

a）典型焊缝图像 b）提取的激光条纹 c）提取的焊缝轮廓特征点及决策的跟踪位置

图 4-20 采用 RICOTD-MPC 纠偏下的打底焊效果

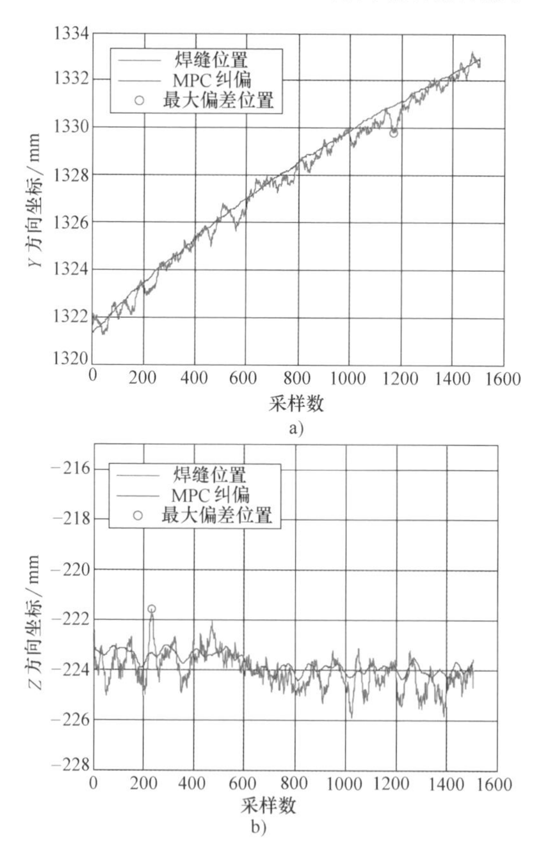

图 4-21 打底焊中采用 RICOTD-MPC 纠偏的数据分析

a）Y 方向采用 RICOTD-MPC 纠偏情况 b）Z 方向采用 RICOTD-MPC 纠偏情况

4.8　基于增量式PID的焊缝跟踪控制

由于焊接过程中采集的焊缝图像能实时检测出焊枪偏离焊缝的位置，因此可以采用PID控制算法对不同方向上的偏差进行实时计算以决策出相应方向上的移动量。这里使用增量式PID控制算法，以与TTWARI-MPC和RICOTD-MPC进行性能比较。增量式PID的描述如式（4-30）。

$$\left.\begin{aligned}\Delta y_t=A_1e_{y,t}+B_1e_{y,t-1}+C_1e_{y,t-2}\\ \Delta z_t=A_2e_{z,t}+B_2e_{z,t-1}+C_2e_{z,t-2}\end{aligned}\right\}\tag{4-30}$$

式中，$B_i<0(i=1,\ 2)$；$e_{y,t}$、$e_{z,t}$分别为当前采样时刻在Y和Z方向上的焊缝偏差值；$e_{y,t-1}$、$e_{y,t-2}$、$e_{z,t-1}$和$e_{z,t-2}$分别为Y方向和Z方向之前采样时刻对应的焊缝偏差值。为了确定控制参数A_i、B_i及C_i，需根据纠偏量的大小和焊接系统惯量的大小在线反复调整。试验中发现，人为设置的不同跟踪偏差情况下的控制参数的设置也应不一样。由于只是检验增量式PID算法对已获取的焊枪偏差的控制效果，并未对上述控制参数制定自适应策略。

为了验证增量式PID算法的有效性，利用其他试件进行了大量的试验以确定一组有效的控制参数，最终将其应用于上述试验中的同一试件。通过试验获取的控制参数设置如下：$A_1=4.5$，$B_1=-0.23$，$C_1=0.15$；$A_2=3.7$，$B_2=-0.35$，$C_2=0.15$。施焊位置为背面第三道和第四道。背面第三道焊接中采集的焊缝图像及处理结果如图4-22a、b所示。引弧之前获取的焊缝轮廓特征点类似于图4-22c所示。根据斜率突变点的数目和位置关系决策出将第二个突变点作为焊接跟踪点，焊接速度决策为5mm/s，送丝速度决策为850cm/min，焊丝伸出长度决策为22mm，焊枪主倾角决策为“调陡”（焊枪主倾角在原来数值的基础上增加5°）。焊接效果图如图4-23所示，数据分析如图4-24所示（图中“PID纠偏”指的是增量式PID纠偏）。

a)

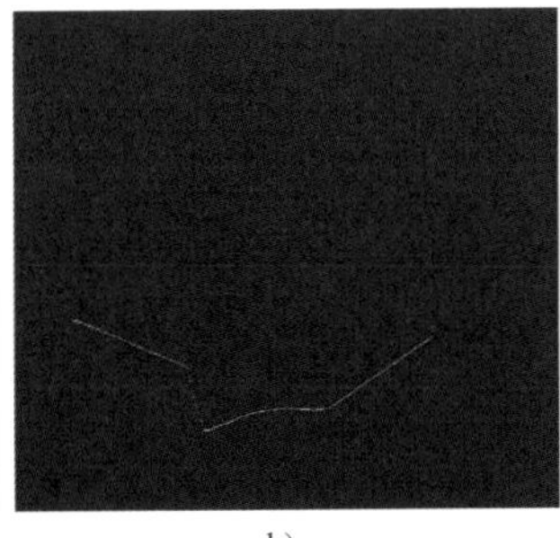
b)

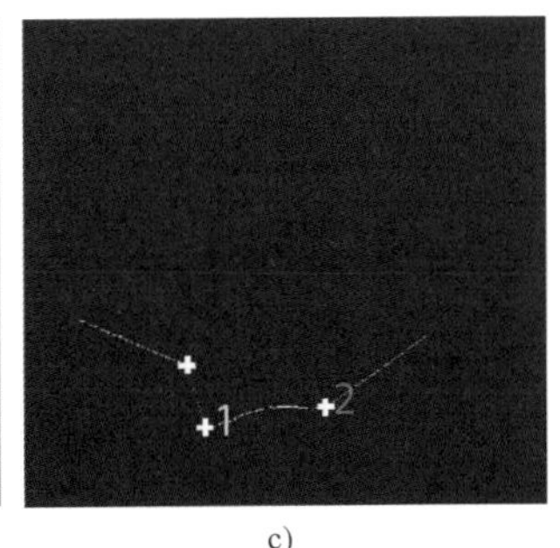

c)

图4-22　背面第三道采用增量式PID控制焊接采集的焊缝图像与处理结果

a）原始焊缝　b）提取的激光条纹　c）提取的特征点及决策出的跟踪点

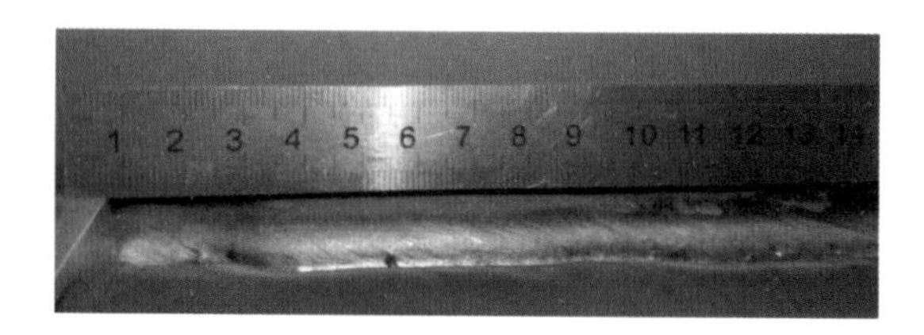

图 4-23　基于增量式 PID 纠偏的背面第三道焊接效果

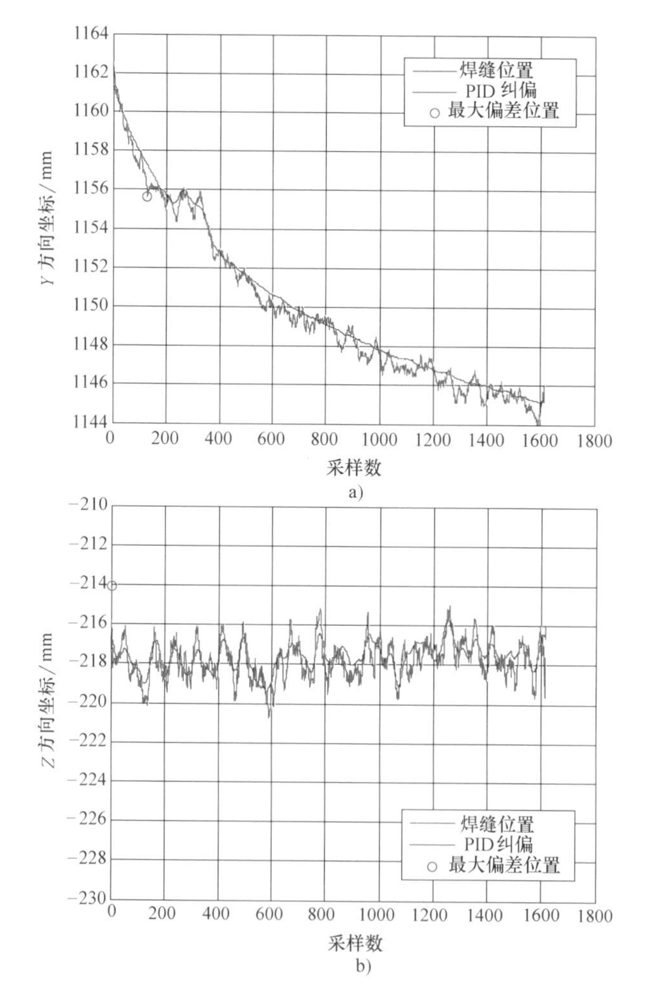

图 4-24　基于增量式 PID 纠偏的背面第三道焊接数据分析
a) Y 方向纠偏情况　b) Z 方向纠偏情况

双机器人同时跟踪焊接视频

采用的有效焊缝帧数为 1215。Y 方向纠偏的最大误差为 2.03mm，Z 方向纠偏的最大误差为 2.97mm。焊接过程明显比采用 MPC 方式的振荡激烈。

4.9 焊接机器人信息优化控制

焊接机器人由于具有通用性强、工作可靠的优点，受到人们越来越多的重视。在焊接生产中采用机器人技术，不仅可以提高生产率、改善劳动条件、稳定和保证焊接质量、实现小批量产品的焊接自动化，而且能在空间站建设、核能设备维修、深水焊接等极限条件下完成人工难以进行的焊接作业。而市场对产品多样化及个性化的要求，加工行业都将面临品种多、批量少、改型快的局面，这给具有一定柔性的焊接机器人提供了一个极好的发展机会。机器人弧焊系统正由单机器人向机器人柔性加工单元（welding flexible manufacturing cell，WFMC）和机器人柔性系统（welding flexible manufacturing system，WFMS）发展。

目前，在有些柔性加工单元中，已能实现机器人与外部轴的同步协调控制，这将有助于提高机器人弧焊的效率与质量。焊接机器人柔性加工单元已成为机器人弧焊系统的基本配置，焊接机器人柔性系统也正在逐渐被相关企业所接受。但是由于焊接柔性制造系统中焊接机器人功能较为单一，焊前示教或编程操作繁杂；焊接路径和焊接参数是根据实际作业条件预先设置的，在焊接时缺少外部信息传感和实时调整与协调控制的功能，导致焊接时缺乏“柔性”，在焊接过程中，特别是复杂的焊接系统中，容易产生设备运动之间以及设备与设备之间的动作或者工件之间相互冲突干涉的现象。

在如图 4-25 所示的用于生产汽车的机器人生产线中，物料流（工件）分别经过不同的工序加工后形成车身产品输出。在该车身焊接生产线中，需要对单工位中的机器人动作进行控制，去除工位中存在的相互干涉现象；需要对生产线中工件的数量匹配进行控制，确保加工节拍的流畅；需要对单独的工位动作进行局部监控，确保加工到位，消除质量隐患；以及需要从宏观层面上对整个系统协同处理等。

焊接柔性系统是一个复杂的离散型与连续型相结合的系统，其离散性不仅体现在宏观上，诸如焊接工件物料流的管理、焊接加工底层设备之间的互补与协调等，还体现在微观子系统控制信息、状态信息的调度，常规建模方法很难对其进行建模研究。

图 4-25 焊接机器人柔性生产线分布图

离散系统的分析方法之一的 Petri Net（PN）理论却因为对离散事件中的同步、并发、冲突均能很好地描述而得到广泛的应用。PN

理论是由德国科学家 C. A. Petri 于 1962 年在其博士论文中首先创立的，是用于异步并发系统建模与分析的一种工具；PN 理论作为离散系统在逻辑层次的建模、性能评估等工具，适合于各种抽象描述焊接柔性加工单元/系统（WFMC/WFMS）等异步并发系统；它可以很好地描述制造系统的并发、同步、异步和冲突等特性；各种扩展的和高级的 PN，具有多种抽象层次，可以方便地建立系统各层次的 PN 模型；PN 可用图形形式描述系统的静态和动态特性，易于理解。

4.10 焊接柔性系统建模条件

4.10.1 系统分析

WFMS 的复杂性表现在以下几个方面：系统硬件结构上的复杂性，它包括基于逻辑层次的 PC 控制决策机构，用来接收/发送数据以及基于输入和当前系统状态进行决策，通过形成相应的动作指令，进而产生控制输出，承担着整个系统统一的动作控制功能；系统硬件也包括用来执行命令的底层运动执行机构（执行器），如带动焊枪运动的机构、自动跟踪机构、工件传动机构等；系统还具有多信息交错复杂性。该系统通过传感器采集底层的不同信息，如焊枪姿态信息、跟踪信息（如焊缝跟踪信息、熔池状态监控信息或者图像信息等）、同步或者异步的不同动作指令信息、不同设备的状态属性信息等。

借助 PN 理论中的定义，建立系统的 PN 模型对应示意图，如图 4-26 所示。图中，K_1，K_2，m_0，m_1 分别是实数，表示系统对应的资源；s_i，s_{i+1}，w_i，w_j 表示系统不同资源的关系，也满足 PN 理论的相关定义条件，确保达到建模的条件。

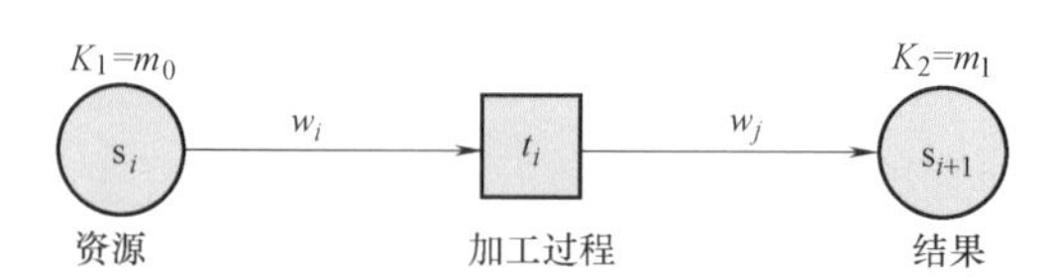

图 4-26　PN 模型同系统的对应示意图

4.10.2 焊接柔性制造系统建模方法

在采用的 PN 理论高级网系统对系统进行描述中，考虑到系统的多品种的加工适应性，设计了包含颜色参量的方式，用以对系统中的不同工件类型和不同的加工设备类别进行描述；考虑到系统协调加工中优化调度的时间性特点，在高级网系统中扩展了用以描述系统动作的时间参量，还在建模方法中将使能弧（——●）和约束弧（——○）引入定向弧中，用来反映系统信息的不同状态。使能弧表示在 PN 模型中库所元素中的信息具有对与之相关的变迁元素激发使能（或者驱动激发变迁动作）的作用，其对应焊接柔性系统中某一状态对相应的动作具有驱动功能；

约束弧则是库所元素中的信息对与之相关的变迁元素的动作产生抑制作用（或者限制其动作发生，除非满足其抑制的条件之后再发生该动作），其对应焊接柔性系统中某一状态对加工（执行）动作的限制功能。

综合上述分析情况，设计了 TCPN（timed color petri net）的建模方法来对该类系统进行 PN 建模。

4.11 焊接机器人柔性制造系统信息建模

4.11.1 焊接机器人系统信息流特点

本节研究的实际机器人焊接柔性系统，包含一台变位机、两台辅助机器人和一台焊接机器人及其他相关焊接设备，其控制方式是通过中央监控平台来统一协调。中央控制器具有接收/发送数据信息以及基于输入和当前系统状态信息进行决策，进而产生控制输出的功能。决策器作为工作站层，各子系统作为执行层，不同层中的执行器、调度器之间的信息流如图 4-27 所示（图中方框为各个功能块）。

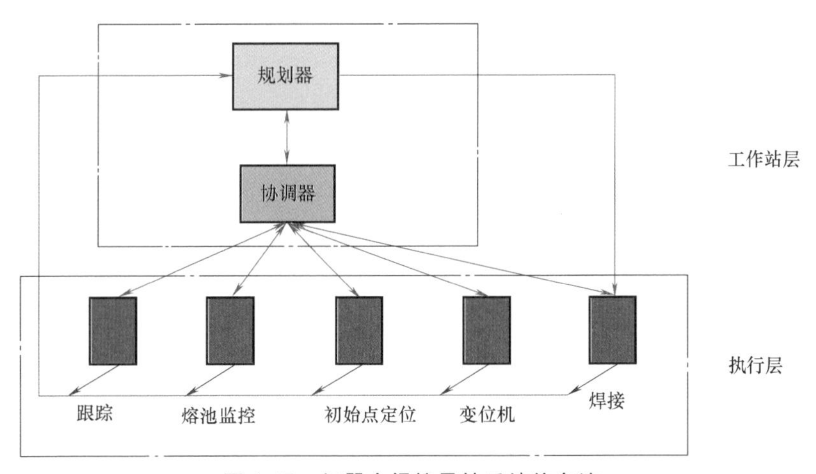

图 4-27　机器人焊接柔性系统信息流

考虑到柔性系统拥有多台机器人及相关加工设备且结构复杂，对系统的建模方式设计成分步建模，即先将系统简化为只包含一台焊接机器人（其他设备不变）的单机器人焊接制造柔性系统（single-robot WFMS，SWFMS），进行建模和控制研究，从而为系统即多机器人焊接柔性制造系统（multi-robot WFMS，MWFMS）研究提供保证。

4.11.2 单机器人焊接制造柔性系统建模

单机器人焊接柔性系统包括一台焊接机器人、一台变位机、传送装置以及相关的焊接附带设备，如焊机等，如图 4-28 所示。

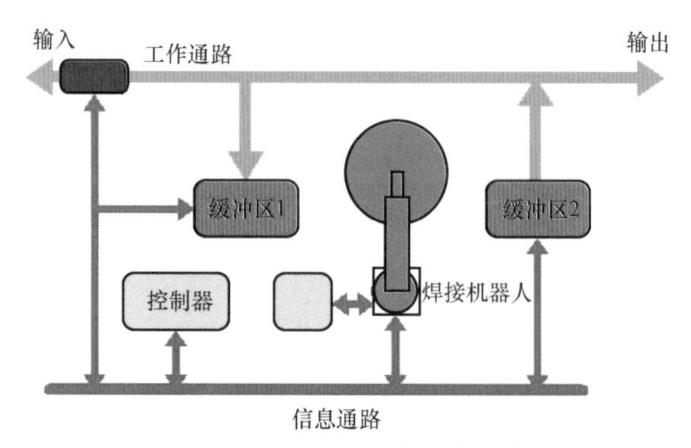

图 4-28　SWFMS 组件分布示意图

根据 PN 理论及相关建模方法，得到焊接机器人柔性制造系统 WFMS 的 STCPN 图形，如图 4-29 所示。

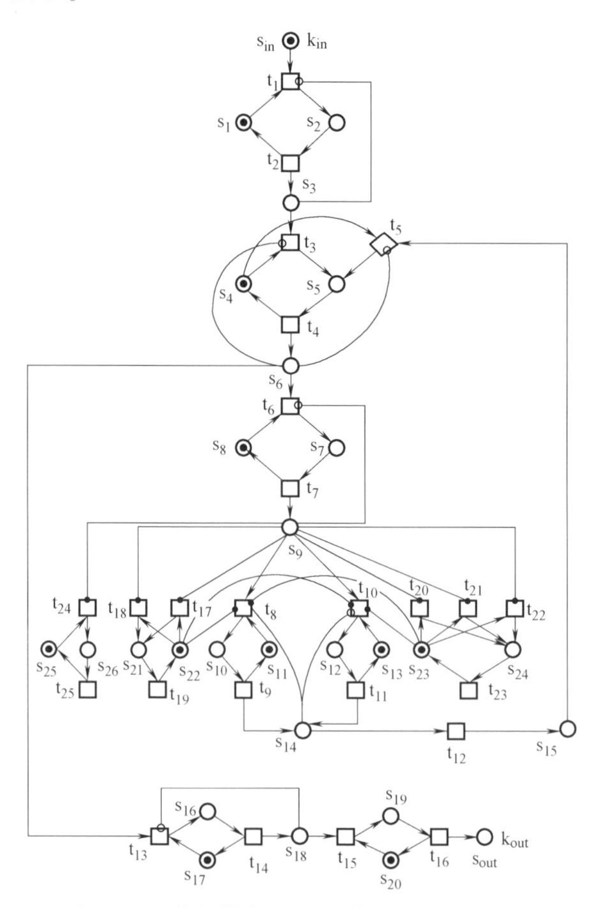

图 4-29　单机器人 WFMS 的 STCPN 模型图

4.11.3　多机器人焊接柔性制造系统建模

在多机器人焊接柔性系统的研究对象中，共有 3 台机器人，一台为焊接机器人，用来进行焊接产品加工，其余两台为辅助机器人，分别用来在缓冲区（Buffer1 和 Buffer2）之间传送工件以及相关的焊接电源等设备，如图 4-30 所示。

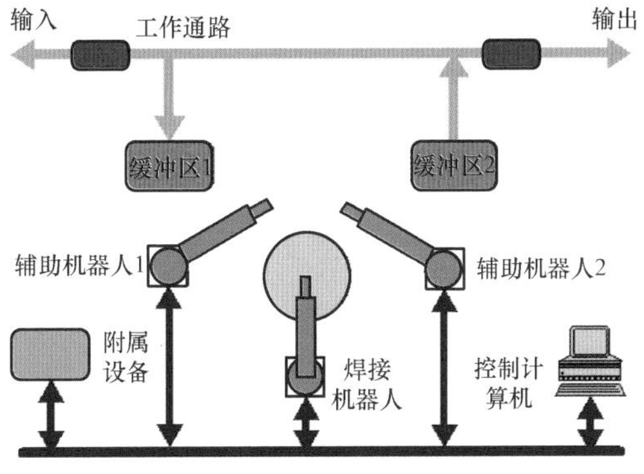

图 4-30　多机器人焊接柔性加工系统示意图

在本节中，建立了一个适合的信息流调度控制模型 MTCPN（multi tCPN，MTCPN），其模型如图 4-31 所示。

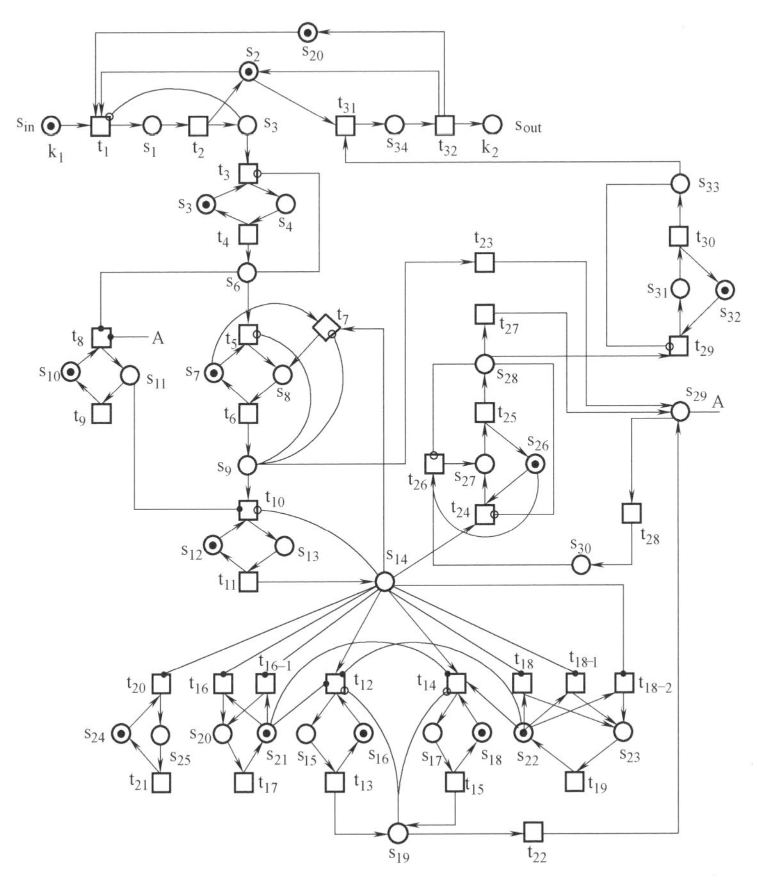

图 4-31　多机器人焊接 FMS 的 MTCPN 模型

注：图中符号 A 表示模型内部相同的连接点。

4.12 焊接柔性制造系统模型结构约简

模型的简化问题不仅仅涉及模型的结构问题，还涉及建立的模型可达性和变迁动作是否真正完全反映了系统的特征。因此可以通过分析模型的最优变迁动作来对模型变迁结构进行简化，避免因为模型结构复杂导致计算复杂等诸多问题，从而达到模型结构最优的目的。

对于焊接机器人柔性系统，建立的模型对应着实际应用性能，其变迁直接对应着系统中的焊接动作。焊接时，系统中存在着并发、同步等的动作，因此系统建立的模型中会存在着并发、同步等事件，模型本身不一定是最优的，其中可能包涵信息不全或者系统信息重复。

结合相关模型约简规则，可以通过计算对所建立的单机器人弧焊 PN 模型进行了修正。在单机器人模型 STCPN 中，由研究对象各部分的实际状况，可以得到模型的相关条件。通过分析表明，该模型结构能完全反映系统的研究特点，模型不用进行约简。

对于多机器人 MTCPN 模型，由于其模型复杂，涉及的信息量多。根据约简规则分析表明，建立的模型需要进行优化。优化后的多机器人 PN 主体模型 RMTCPN (Revised MTCPN) 如图 4-32 所示。

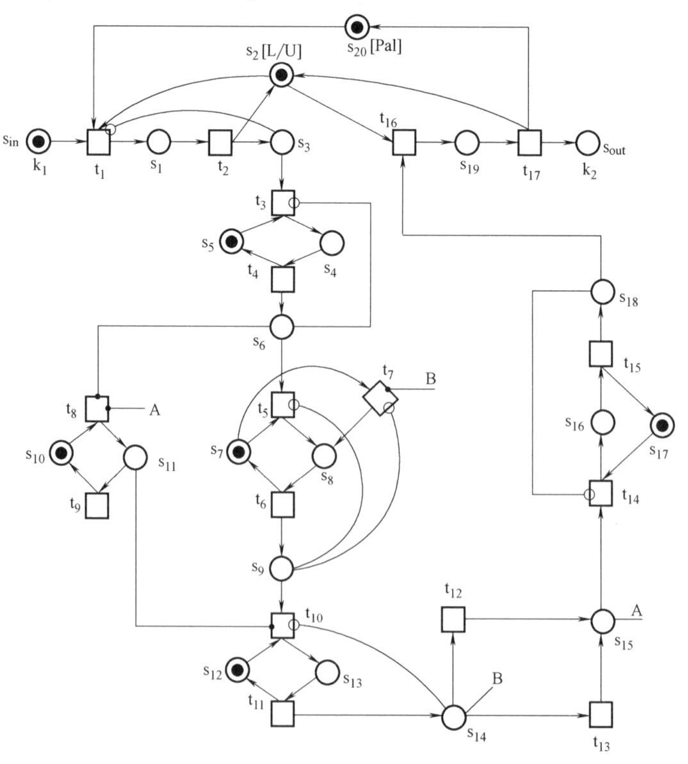

图 4-32 RMTCPN 模型

综上所述，同约简之前的模型相比较，约简后的模型功能不变，模型结构更加简洁，模型计算规模极大地缩小。

4.13 焊接机器人柔性制造系统 PN 模型仿真

对 PN 模型仿真，重点在于结合 PN 本身具有并行、异步、分布式和随机性等特征理论模型，用图形的形式清楚地将复杂系统运动全过程展现出来，对于加深系统的研究，进一步为系统控制提供理论上的保证，为系统的实际运行提供了强有力的手段。

为了得到模型在具体参数条件下的仿真情况，根据模型基本性能仿真结果，参考实际的焊接机器人柔性系统具体情况，可结合专业软件平台进行模型的仿真设计，得到 STCPN 模型仿真时间参数，以时间参数来模拟系统协同运行情况。

4.13.1 单次仿真

根据设计的单循环单次仿真模型，采用分步仿真方式，对仿真模型进行单件单次仿真，从而得到所建立的模型完成一次单循环所需要的时间参数。

仿真实验表明，模型在带有具体系统参数条件下能模拟系统真实环境的资源信息配比、系统动作控制信息等，并且在仿真实验中可以得到模型在不同时刻的运行时间参数值及最终仿真值。

根据该单次自循环仿真程序图，本节设计了倍次仿真模式，即采用单循环的倍数仿真次数来对模型进行仿真，通过分析模型仿真运行时间参数值来分析模型调度的特性。

综合上述仿真结果，可以得到仿真模型的参数变化曲线，如图 4-33 所示。

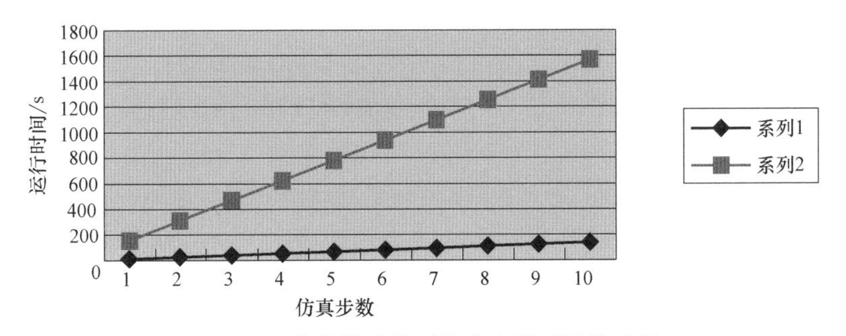

图 4-33 单件模式模型仿真步数时间关系图

4.13.2 多次仿真

仿真方式采用的是具有多个资源信息（$N \geqslant 2$）初始条件下的系统运行方式。

根据上述设计，首先进行了 $N=2$ 的模型的仿真实验，其模型参数与 4.13.1 节中单次仿真的相同。在该条件下，模型完成一次完整的仿真，需要运行仿真步数28步，仿真时间183s。

综合所得参数，可以得到该条件下的模型运行时间步数关系图，如图4-34所示。

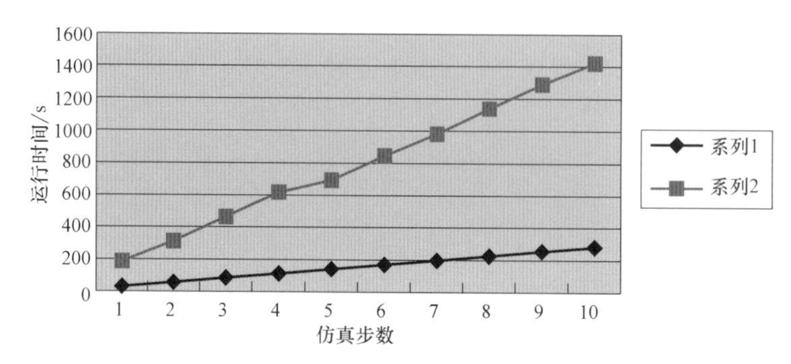

图4-34 双倍模式模型仿真步数时间关系图

注：图中系列1为仿真具体步数，系列2为仿真时间关系线。

根据上述模型仿真步数、时间关系图可知，在模型初始信息参数为$N=2$的条件下，系统仿真实验运行时间同仿真步数关系还是呈现比例增加特点，其原因在于系统仿真实验中，存在着同时使能同时激发的现象，即该现象对应着实际焊接系统的动作同时并发，但是经过多次仿真后，系统稳定下来，因此其走向表现线性形式。

本节进行了$N=3$的初始加工信息条件下的系统仿真实验。通过该仿真实验形成了在$N=3$的条件下的仿真步数时间关系图，如图4-35所示。

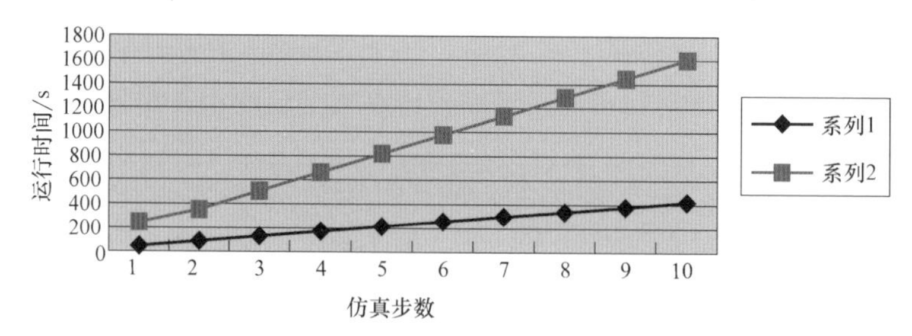

图4-35 复杂条件下模型仿真步数时间关系图

注：图中系列1为仿真具体步数，系列2为仿真时间关系线。

综合上述仿真步数关系图，可以得到如图4-36所示的图形。

从图4-36中可以知道，在模型结构不变的条件下，模型具有固定的运行时间走向，均是随着仿真步数的增加而递增；并且模型第一个加工信息循环一次具有相同时间参数。随着模型信息量的增加，模型的优化调度性能得到展现。在同样仿真步数下，加工越复杂模型的优化程度越高，其运行的时间也越少，从而使得整个系统的加工效率得到提高。

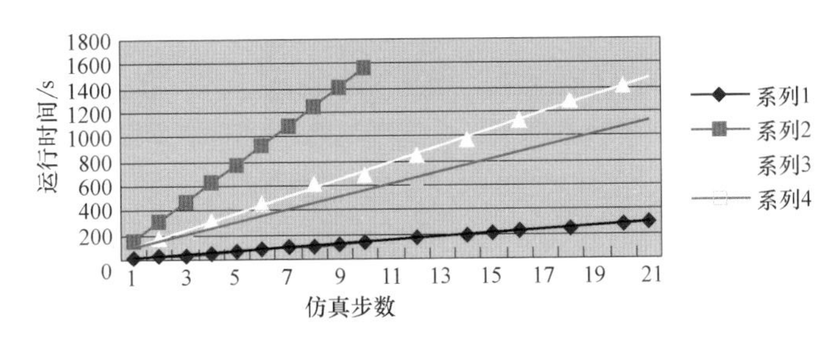

图 4-36　模型仿真步数时间关系综合图

注：图中系列 1 为仿真具体步数，系列 2 为 $N=1$ 模型仿真时间关系线，系列 3 为 $N=2$ 模型仿真时间关系线，系列 4 为 $N=3$ 模型仿真时间关系线。

对于系统优化现象发生的原因，在于系统中资源配置的增加，系统加工工序的增多，系统中存在同时刻动作同时发生的机会增加，从而减少了全部运行时间，提高了加工效率。

4.14　机器人焊接柔性制造系统控制实验

4.14.1　引言

根据建立的不同 PN 模型特点，在本节中采用机器人焊接系统控制实验，设计了多机器人局域网络协调控制平台进行多机器人协调焊接实验。

4.14.2　实验平台

1. 平台硬件部分

本次实验系统硬件主要是三台机器人及其相应的控制设备，一台为 MOTOMAN 的 UP6 型的搬运机器人，一台为 MOTOMAN 的 UP20 型的搬运机器人，另外一台是局部自主的焊接机器人系统（LAIWR），型号为 RH6 型，最后的一部分是计算机控制的焊接熔透控制系统。硬件外形如图 4-37 所示。

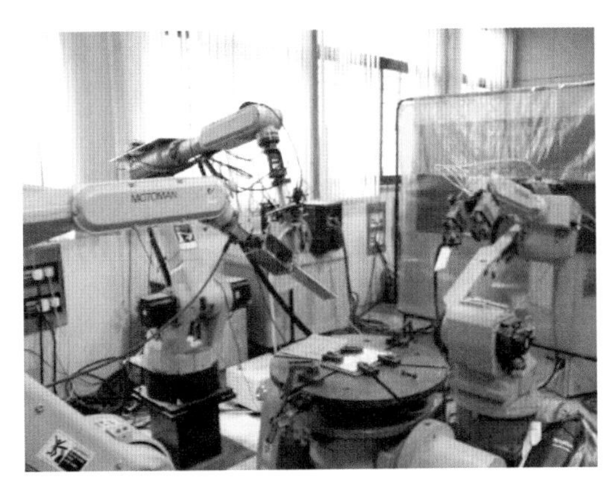

图 4-37　多机器人焊接系统硬件图

2. 软件控制平台

实验的软件是核心工作平台。它涉及上述四个系统的实时信息通信及控制，而且在系统控制过程中需要融合优化后的模型调度方式，还有解决这个系统在运行中的防止碰撞干涉等诸多问题。

根据设计的网络通信方式，软件平台设计了分层控制方式来进行功能细分，共有主控制层（main controlling level）、网络传送层（internet communicating level）、协调层（coordinating level）及执行层（executing level）四层方式。

3. 工艺

焊接工艺设计为一种铝合金交流脉冲 GTAW 的悬空 30°倾斜角焊，该工件加工形式如图 4-38 所示。

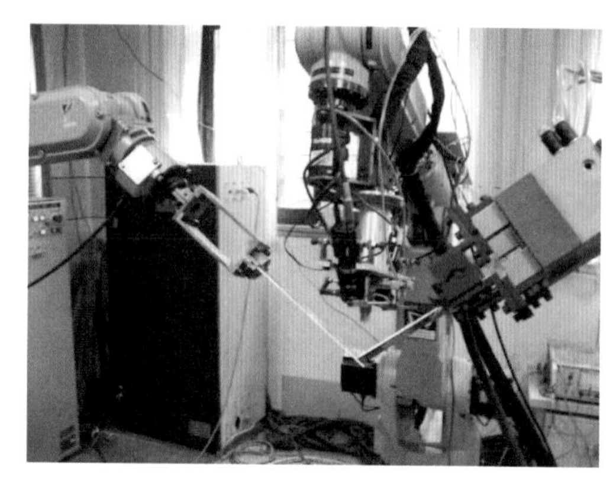

图 4-38 铝合金悬空角焊结构

被焊材料为 5A06 铝合金板材（200mm×50mm×2.5mm），实验的焊接工艺见表 4-7。

表 4-7 5A06 铝合金交流脉冲 GTAW 控制实验条件

脉冲频率 f/Hz	1	焊接速度 V/(mm/s)	1.875
交流频率 f/Hz	50	电弧长度 L/mm	2.5
峰值电流 I_p/A	200	钨极直径 φ/mm	3.2
基值电流 I_b/A	50	氩气流量 L/(L/min)	10
送丝速度 V_f/(mm/s)	15	试件尺寸/mm	250×50×2.5

实验表明，电弧燃烧稳定，各个机器人系统运行良好，没有发生系统之间的干涉和碰撞现象，角焊缝连接正常，通过系统的协调控制成功进行了悬空铝合金角焊。

4.15 本章小结

1）针对厚板 T 形接头多层多道焊接的特点，结合相关控制方案，根据焊枪运动具有饱和区域的非线性运动特性以及实时提取的焊枪与跟踪点的偏差量的大小，本章设置了两种在 Y 和 Z 方向上给定进给量的方式。

2）小偏差量下进给量即为偏差量，大偏差量下采用 MPC 决策进给量，并近似给出了两种进给量的表达形式。利用上述两种进给量建立了描述焊枪线性化运动的、能预测焊枪位置的参数时变切换模型（SM）。

3）通过引入辅助逻辑变量，将建立的 SM 转化为统一的微观 MLD 模型。基于该 MLD 模型，本章设计了两种 MPC，即无弧跟踪数据作为参考输入的 MPC（TTWARI-MPC）和分段优化时域均等的参考轨迹的 MPC（RICOTD-MPC）。

4）为了对比上述两种 MPC 的控制效果，另外实现了增量式 PID 控制。焊接试验显示三种控制方案各有优缺点。

5）建立了焊接机器人焊接柔性系统的 STCPN 与 MTCPN 模型；设计了模型仿真程序，并对该模型进行了模型单循环和多循环仿真实验。

6）根据建立的模型开发了控制程序，成功进行了协同焊接实验。焊接实验表明，电弧燃烧稳定，没有出现系统之间的干涉及信息冲突等情况，实现了在局域网条件下的多机器人协调控制。

第5章 焊接机器人离线仿真

5.1 引言

机器人弧焊系统正由单机器人向机器人柔性加工单元和机器人柔性生产线发展。单机器人是指不在变位机或龙门架的辅助下只由单个机器人完成焊接任务。随着实际生产需要，变位机首先被提出作为机器人重要的辅助设备，来完成变换焊接位置和扩大机器人工作空间等任务。在船舶、桥梁与工程机械等领域，龙门架被用来移动机器人，从而更加扩大机器人的工作空间。

在机器人所要完成的任务不很复杂，以及示教时间相对于工作时间来说比较短的情况下，在线示教编程是有效可行的。随着企业对柔性要求的提高和计算机技术的发展，出现了机器人离线编程仿真技术。机器人离线编程仿真是机器人编程语言的拓广，它利用计算机图形学的成果，建立起机器人及其工作环境的模型，利用一些规划算法，通过对图形的控制和操作，在不使用实际机器人的情况下进行轨迹规划，进而产生机器人程序。与在线示教编程相比，离线编程具有如下优点：①减少机器人不工作的时间；②编程者远离危险的工作环境；③便于和 CAD/CAM 系统结合，做到 CAD/CAM/Robotics 一体化。

随着制造业企业对柔性要求的进一步提高，产生了对更高效和简单编程方法的需求，出现了离线方式的编程仿真。根据编程人员定义工具运动的控制级别，可将离线编程分为四个级别：关节级、执行级、对象级和任务级。其中，任务级离线编程将最大限度地降低人的劳动强度和提高编程效率。现在，已有一些商品化的离线编程系统如 IGRIP、Workspace 等，它们都具有较强的图形仿真功能，并且有很好的执行级编程功能，但是它们都不具有任务级编程功能。由于任务级离线编程的显著优点，它正引起广泛的研究。

基于离线方式的机器人图形化运动仿真，更是能够在虚拟环境下再现焊接机器人的运动过程，能够避免出现机器人动作/部件等相互干涉的异常现象，具有直观、高效的特性。

5.2 离线编程仿真技术现状

机器人离线编程是以CAD和图形仿真技术为基础的技术。CAD技术用于在计算机中建立机器人工作单元的几何模型，为离线编程提供虚拟的编程环境。图形仿真用于检验离线编程的正确性。

国外机器人离线编程的研究起步较早，从20世纪70年代开始进行这方面的研究工作。自20世纪80年代以来，由于机器人离线编程软件是机器人应用与研究不可缺少的工具，美国、英国、法国、德国、日本等许多大学实验室、研究所、制造公司对机器人离线编程与仿真技术进行了大量研究，并开发出原型系统和应用系统，其中许多软件既可用于机器人仿真分析又可用于机器人离线编程。这些软件有些已经商品化，对机器人技术发展以及在各行业的推广应用发挥了巨大的作用。表5-1是国外开发的主要机器人离线编程和仿真系统。

表5-1 国外开发的主要机器人离线编程和仿真系统

软件包	开发公司或研究机构
ROBEX	Aachen, Germany
GEOMAP	Tokyo, Japan
GRASP	University of Nottingham, UK
PLACE	McAuto Manufacturing, USA
Robot-SIM	Calma Corp., USA
ROBOGRAPHIX	Computer Vision Corp., USA
AutoMod and AutoGram	Auto Simulation Inc., USA
IGRIP	Deneb Inc., USA
RCODE	SRI, USA
ROFACE	Science Management Corp., USA
XPROBE	IBM Research Center, USA
ROBCAD	Tecnomatix Corp., USA
ROBOCELL	McMaster University, Canada
ROSI	Karisruhe University, Germany
CimStation	SILMA Inc., USA
Workspace	Robot Simulations Inc., USA
SMAR	University de Poitiers, France

自20世纪80年代中期以来，我国的一些大学和研究所便开始从事机器人仿真与离线编程技术的研究。根据开发的方式不同，机器人仿真与离线编程技术的研究主要分为两类：完全自主开发和基于某个通用CAD系统的二次开发。表5-2为国

内对机器人离线编程与仿真技术研究的统计。

表 5-2 国内对机器人离线编程与仿真技术研究

单位	开发方式	硬件平台	主要应用
华中理工大学	自主	微机	离线编程,通用
华南理工大学	自主	微机	离线编程,装配
哈尔滨工业大学	自主	工作站	仿真及离线编程,通用
上海交通大学	二次	微机	图形仿真,通用
北京航空航天大学	自主	微机	离线编程,PUMA262
清华大学	自主	微机	图形仿真,通用
浙江大学	自主	微机	离线编程,装配
沈阳自动化所	自主	工作站	离线编程,双机器人装配
洛阳工学院	自主	微机	图形仿真,通用
云南师范大学	二次	微机	离线编程,通用

5.3 基于虚拟样机的焊接机器人仿真

本节主要针对六自由度的工业焊接机器人虚拟样机开展仿真分析，并结合迪纳维特-哈坦伯格（Denavit-Hartengerg，D-H）方法建立了机器人的数学模型（参见机器人坐标计算等相关内容）。从运动学的角度分析了机器人的正反解问题、机器人的工作空间问题、轨迹规划问题等。应用多体系统动力学分析软件 ADAMS 建立了机器人虚拟样机环境模型，利用该平台对机器人轨迹规划理论进行了实验分析，用软件模拟现实的方法验证了理论的实用性。

5.3.1 焊接机器人的参数建模

1. 建模软件简介

Unigraphics（简称 UG）是 UGS 公司（现已被 SIEMENS 公司收购）开发的一款集 CAD/CAM/CAE/PDM/PLM 于一体的高端软件系统。广泛应用于通用机械、汽车、航空航天、工业设备、医疗器械及其他高科技领域的机械设计和模具加工自动化等相关领域。可应用于产品的整个开发过程，包括产品的设计、模型的建立、产品的分析和加工等。可以说集多种功能于一体，特别是其强大的曲面造型、实体造型、虚拟装配和生成工程图样等功能。其强大的复合式建模工具，设计者可根据工作的需求选择最适合的建模方式；关联性的单一数据库，使大量零件的处理更加稳定。方便灵活且高效的制图功能、装配功能、数控加工功能，使得 UG NX 在相关行业领域成为一套无可匹敌的高端 PDM/CAD/CAM/CAE 软件系统。

UG 软件的特点主要有如下几点：

1）具有完整的产品开发过程解决方案。由于其通过高性能的数字化产品开发解决方案，把从设计到制造流程的各个方面集成到一起，可以完成自产品概念设计、外观造型设计、详细结构设计、数字仿真、工装设计、零件加工的全过程，因此产品开发的全过程是无缝集成的完整解决方案。

2）可控制的管理开发环境。

3）全局相关性。在整个产品开发流程中，应用主模型方法，实现集成环境中各个应用模块之间保持完全的相关性。

4）集成的仿真、验证和优化。提高了产品的质量，减少了产品开发过程中导致的错误和制作费用。

5）知识驱动型自动化。使产品开发过程实现自动化，减少重复性工作。

6）具有满足用户进行二次开发需要的开放式接口。

2. 焊接机器人对象分析

这里分析的对象是 ABB 公司 IRB2400-10 型六自由度工业机器人，该机器人主要应用在弧焊、加工、上下料、物料搬运等工业生产活动中，在实际生产中表现相当卓越，使用广泛。其主要特点是设计紧凑，工作范围大，可靠性高等。它采用六个旋转关节进行运动，由六个伺服电动机控制机器人各个关节进行焊接活动。每个关节确定一个自由度，其中，关节 1、关节 4 和关节 6 的轴线共面，关节 2、关节 3 和关节 5 的轴线互相平行，且垂直于关节 1、4、6 形成的平面。该机器人总共有六个自由度，前三个自由度确定机器人末端点的位置，后三个自由度确定机器人末端点的姿态，焊接机器人 UG 模型如图 5-1 所示。

3. 焊接机器人坐标变换

机器人的机械结构是一个非常复杂的系统，多自由度机器人是一个具有复杂空间运动的综合体，自身经常在装配和加工等操作过程中作为统一体进行运动，不仅涉及机器人本身，也涉及物体与机械手之间的相互关系，因此需要寻求一种能够描述单一刚体位移、速度和加速度及动力学问题的有效而又方便的数学方法。对机器人空间描述的方法有很多，运用最多的是采用矩阵的方法。

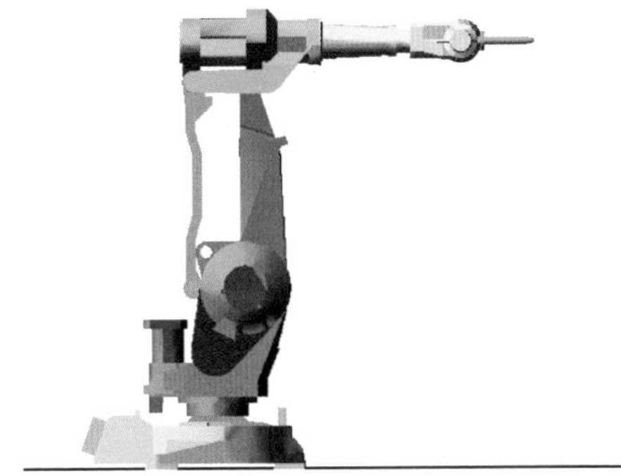

图 5-1　ABB 公司 IRB2400-10 型机器人

为了能准确描述一个物体的位置和运动情况，常常需要引进坐标系（coordinate system）的概念，并基于坐标系开展机器人位姿与坐标变换。

5.3.2　焊接机器人模型的建立

1. 动力学状况分析

六自由度焊接机器人就是一个典型的多体系统。由多个零部件通过不同的运动副相连接的复杂机械系统即指多体系统。多体系统的研究始于20世纪60年代，其核心问题主要是建模理论和数值求解问题，经过这几十年的发展，其建模理论与数值求解方法已日趋成熟、稳定和有效。同时，随着计算机技术的广泛应用，机械系统动力学的分析与仿真也得到快速的发展，采用计算机技术进行机械系统动力学仿真分析的方法，使传统的机械动力学分析产生了巨大的改变，由过去的手工计算变为现在的计算机自动求解。目前具有代表性的多体系统动力学分析软件有ADAMS、DADS等。通过软件的接口功能可以实现与其他辅助工业设计软件或者工程分析软件进行对接分析设计，极大地加快了产品的设计步伐。与其他辅助工程设计和分析软件共同形成了一个完整的计算机辅助工程技术。

2. MD Adams机械系统动力学分析软件简介

MD Adams（MD表示多学科）是一款著名的、功能强大的虚拟样机分析软件，也是一款典型的多体系统动力学分析优化软件，最先为美国MDI（Mechanical Dynamics Inc）公司开发，后来被MSC公司收购。

通过ADAMS对机械系统的动态分析，如通过运动学、动力学和静力学的仿真分析，根据求解结果，得到位移、速度和加速度曲线，也可以对机械系统的工作空间、干涉问题检测、系统载荷的计算等相关方面的性能进行一个前期的预测。而ADAMS的二次开发平台，更是为不同用户提供了更多、更广泛的可拓展应用空间。

ADAMS软件主要有5个模块组成：基本模块、扩展模块、专业模块、接口模块和工具箱模块。基本模块包含用户界面模块（ADAMS/View）、求解器模块（ADAMS/Solver）、后处理模块（ADAMS/PostProcessor）等三个模块。对于大多数的用户主要在基本模块即可完成相应的实验要求。

3. 建模环境的设置

（1）设置坐标系　ADAMS为用户提供了三种不同的坐标体系，方便了用户选择，分别为笛卡儿坐标系（cartesian）、柱面坐标系（cylindrical）和球坐标系（spherical）。空间一点在三种坐标系中的坐标分别表示为（x，y，z）、（r，θ，z）和（ρ，ϕ，θ）。

从笛卡儿坐标到柱面坐标：$$\begin{cases} x = r\cos\theta \\ y = r\sin\theta \\ z = z \end{cases}$$

从柱面坐标到球面坐标：$$\begin{cases} x = \rho\sin\phi\cos\theta \\ y = \rho\sin\phi\sin\theta \\ z = \rho\cos\theta \end{cases}$$

对坐标系的设置可以通过单击菜单项中的Setting→Coordinate System弹出的坐标系设置对话框进行设置。这里采用的是笛卡儿坐标系进行实验。

（2）设置工作栅格　工作栅格的建立，可以方便系统自动捕捉到工作栅格上，也方便用户对模型的分析和判断。工作栅格设置对话框可以通过Setting→Working

Grid调出。系统为用户提供了两种栅格形式，一种是矩形栅格形式，另一种是圆形栅格形式，如图5-2所示。这里采用矩形栅格形式。

(3) 设置计算单位　系统可以设置单位的物理量有mass（质量）、force（力）、length（长度）、time（时间）、angle（角度）和frequency（频率）等。通过单击Setting→Units弹出的单位设置对话框，可以根据需要设定单位制。系统本身也自带有几种单位制组合，有MMKS（毫米-千克-秒）、MKS（米-千克-秒）、CGS（厘米-克-秒）、IPS（英寸-磅-秒）等，见表5-3。本仿真实验采用系统定义的MMKS单位制组合。即设置长度为毫米，质量为千克，力为牛顿。

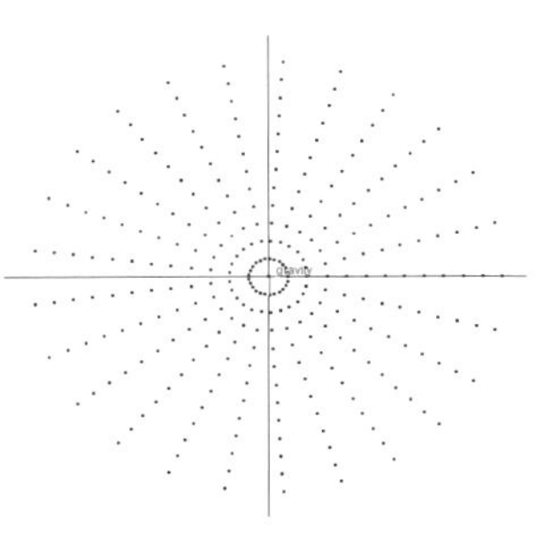

图5-2　圆形栅格

表5-3　系统定义的几种单位制组合

量纲	单位制组合			
	MMKS(毫米-千克-秒)	MKS(米-千克-秒)	CGS(厘米-克-秒)	IPS(英寸-磅-秒)
Length(长度)	Millimeter(毫米)	Meter(米)	Centimeter(厘米)	Inch(英寸)
Mass(质量)	Kilogram(千克)	Kilogram(千克)	Gram(克)	Pound(磅)
Force(力)	Newton(牛)	Newton(牛)	Dyne(达因)	Pound(磅力)

(4) 定义重力加速度　重力加速度的设置，可以使机械系统完全模拟现实的受重力环境。要根据建立的系统模型或导入的机械系统的情况，合理地设置加速度方向。本实验设置的加速度方向为$-Z$方向。

除以上这些设置之外，可以根据需要对图形区的背景色、部件的名称、系统的字体、系统图标的尺寸、颜色、可见性等进行设置。系统都有默认的设置，用户也可以根据自身需要进行自定义。

5.3.3　虚拟样机仿真前处理

在对一个机械系统进行仿真之前，需要做一些前处理工作，如对系统模型的建立、对模型添加约束和驱动、确定实验方案、检验模型等。为以后对机械系统的测试分析优化做准备。

1. 机器人模型的导入

利用ADAMS进行模型的建立，其过程要比专业的CAD建模软件复杂和困难，因此ADAMS提供了专用的CAD模型数据接口来导入CAD软件建立的模型。ADAMS提供有多种模型格式数据接口如Parasolid、DXF、IGES、STEP、SAT和DWG等标准通用格式，目前大多数专业三维几何造型软件都能够提供这些转换格式。能很方便地将其他建模软件建立的模型经格式转换导入ADAMS/View工作环境中。但需要注意的就是，其他三维造型软件导入的机械模型，一般不能对其进行参数化计算，若要修改模型的几何尺寸必须返回到 CAD 软件中进行修改设计。本模型是通过 Parasolid 格式导入 ADAMS 环境中，该格式的扩展名为 *. X_T。

导入后的焊接机器人模型如图 5-3 所示。

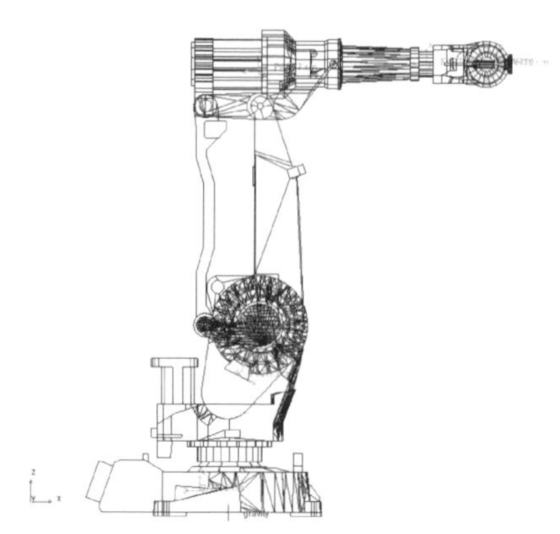

图 5-3　导入 ADAMS/View 环境中的焊接机器人模型

2. 机器人模型的编辑与设置

当模型导入以后，需要根据实际零部件的材料修改它的材料属性，不然在仿真求解的过程中很可能会得到错误的求解结果或者出现出错的情况。对质量信息的修改，可以通过 Part→Modify。也可以通过菜单 Built→Material→New 来创建新的材料，输入材料的名称、弹性模量、泊松比和密度，但输入数值时需要注意当前使用的单位制。新创建的材料及时保存，可以供以后使用。

为了方便仿真过程观察和区分各零部件，可以对导入模型的各构件的外观颜色进行修改设置。构件是由几何元素构成的，对几何元素的修改就是对构件的修改。方法是：选中构件并单击鼠标右键，在弹出的菜单中选择 Solid→Appearance，弹出修改外观对话框，可以对构件的可见性、构件名称的可见性、构件的颜色、图标的尺寸等进行定义。

由机械原理知识知道，可以通过运动副将机械系统各个构件之间的运动关系表示出来。运动副具有约束作用，通过在构件间添加相应的运动副，就可以模拟真实环境中的机械系统各构件之间的运动情况。运动副的添加只是确定了构件之间的运动关系。而驱动的定义则可以真正地实现机械系统有规律的运动。驱动一般分为旋转驱动（添加旋转副）、滑移驱动（添加滑移副）、点驱动等。驱动主要是对运动副进行约束，使其按照一定的规律进行运动。通过对驱动添加驱动函数可以实现精确的运动。

编辑后的机器人模型图如图 5-4 所示。

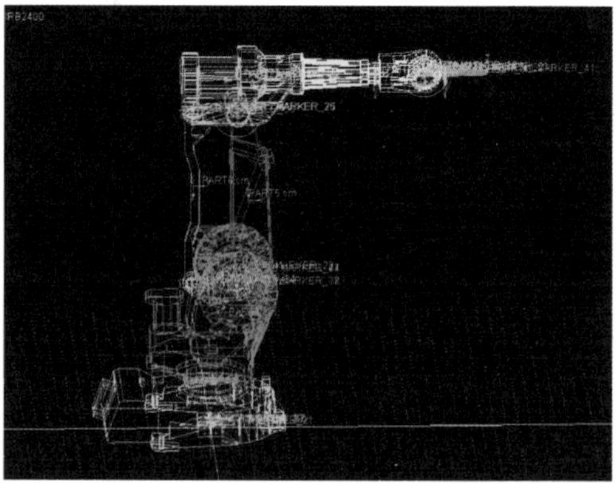

图 5-4　编辑后的机器人模型图

3. 定义传感器的方法

机器人各关节角的变量范围是有限制的，见表 5-4。

如果在仿真的过程中，关节角超出了这些范围，肉眼将很难判定。对超出关节角运动范围的仿真是没有任何意义的。ADAMS/View 的传感器功能，可以很好地帮

表 5-4　机器人 D-H 参数

i	a_i/mm	α_i/(°)	d_i/mm	θ_i(变量)	关节角变量范围/(°)
1	100	0	0	θ_1	-180～180
2	705	-90	0	θ_2	-65～60
3	135	0	0	θ_3	-60～65
4	0	-90	755	θ_4	-200～200
5	0	90	0	θ_5	-120～120
6	0	-90	0	θ_6	-400～400

助解决这个问题。通过传感器功能可以在系统运行到某一状态时，感知事件的发生，并做出相应的反应。如对位置、速度、加速度等状态的感知，当事件发生时，通过设置可以使系统采取一定的动作，如停止仿真、改变运动方向等。

传感器定义完成后，为了检验传感器是否设置成功，可以定义关节 3 的驱动速度为 30°/s，其他关节驱动函数定义为 0，并设置仿真时间为 3s，仿真步长为 100 步。仿真结果如图 5-5 所示。

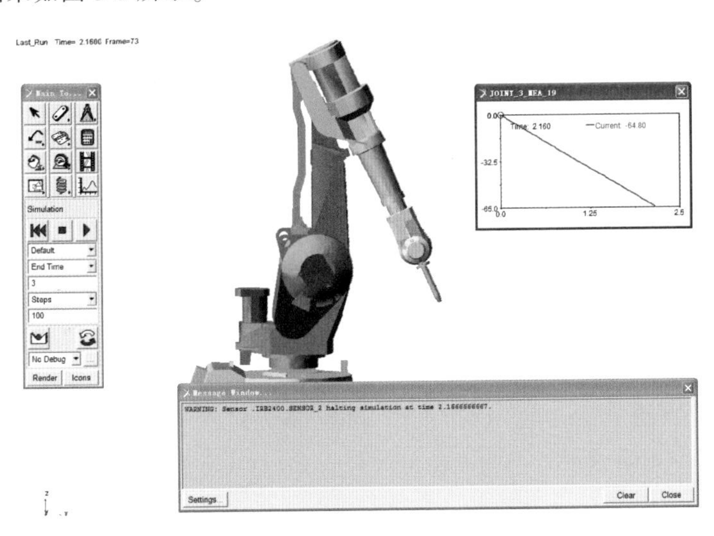

图 5-5　传感器设置的检验仿真结果

从仿真结果可以看出，当关节角 3 运动到 65°时，传感器 2 感知到了事件的发生，并产生了停止仿真的动作和弹出警告提示。说明传感器定义成功。其他各关节传感器的定义和关节 3 的关节角传感器的定义类似。由此也可以看出，通过传感器功能，可以方便、形象地模拟现实环境中机器人的关节角特性，这种虚拟传感器和物理传感器有异曲同工之妙。

4. 模型检验与仿真测试

在模型编辑设置完之后，通常需要对建立的样机模型是否正确做一个简单的仿真检测，用来检验在建模过程中可能或隐含的一些错误，对其进行修改，以保证下一步的仿真求解过程能够顺利地进行，经常容易出现的错误有以下两种：

1）所有的约束被破坏或者被错误定义。这类错误可以通过装配分析进行纠错。

2）不合理的连接和约束、没有约束的构件、没有质量的构件等。这些潜在的错误，可以通过 ADAMS/View 提供的样机检验分析工具来解决。

完成以上编辑后，也可以对虚拟样机模型做一个简单的仿真测试。以观察前面所做的编辑设置是否正确。给每个驱动都设置一个驱动函数为 30°/s，假设仿真时间为 1.5s，仿真步数为 500，并在焊枪的末端点设置一个 MARKER 点，以观察机器人末端点的运动轨迹。其运动轨迹如图 5-6 所示。

5.3.4 焊接机器人轨迹规划

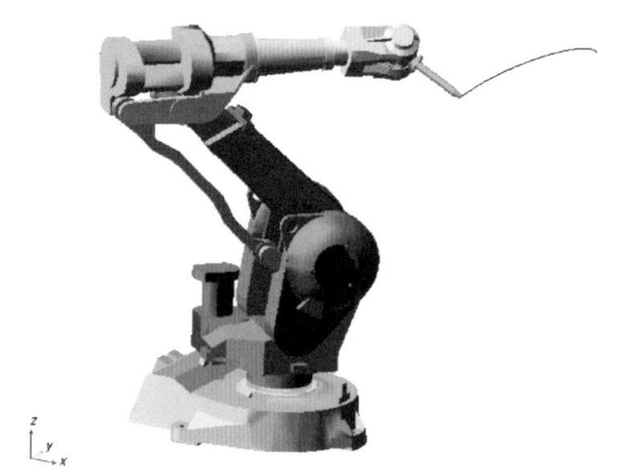

图 5-6 仿真测试时机器人的运动轨迹

1. 轨迹规划的基本概念

焊接机器人对执行的任务需要进行规划，即机器人的工作过程是通过规划将要求的任务转变为能够实现该任务的运动过程和力的过程，这些运动和力通过机器人控制器进行控制，并和力传感器等相互作用得到任务所需的运动和力，从而实现任务的顺利完成。

轨迹规划针对的主要是在关节空间的一个规划，对于给定的任务如何让关节合理地运动来实现即是轨迹规划的任务要求。其中轨迹主要指的是关节的位移、速度、加速度相关方面的情况，而通过什么样的方法求解规划机器人关节空间的位移、速度和加速度曲线以完成某一任务，则是整个轨迹规划的主要内容。这个过程一般可以通过轨迹规划器来完成，相关关系如图 5-7 所示。

可以看出轨迹规划器类似于一个黑箱，用户不需要写出轨迹运动的规划函数表达式，规划的细节问题由系统本身去完成。例如，操作员只需要输入机器人末端点的位置和姿态等约束信息，到达目标的持续时间、运动速度等问题，其他的都可以由系统来确定。

2. 焊接机器人关节空间轨迹规划

关节空间轨迹规划是将机器人末端的各路径点经过运动学反解转换为关节角度值，成为在关节空间的路径点；然后对反解得到的一系列关节路径点通过插值计算出一条光滑的关节运动曲线函数。通过插值获得的关节函数，可以使所有关节以相同的时间到达同一个位置点反解得到的各关节路径点，这样就可以使机器人末端点能准确到达设定路径点位姿，但是路径点与路径点之间的轨迹是不确定的。

在关节空间进行轨迹规划，规划的方法不同，结果也不一样，原因是只对路径点提出约束要求，而对路径点之间的路径不作任何要求。因此采用不同的轨迹规划方法，关节运动路径也不一样，如图 5-8 所示。

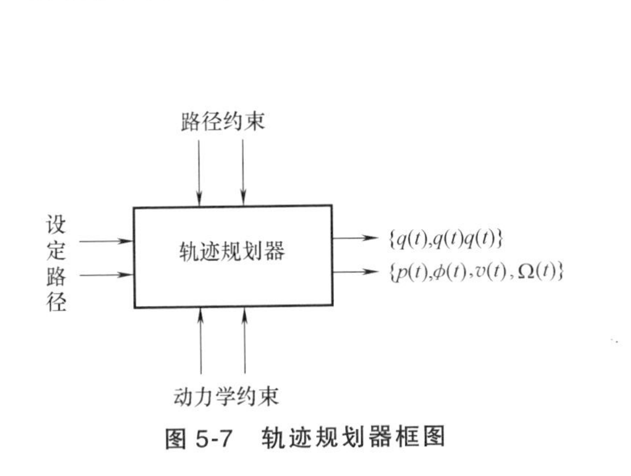

图 5-7　轨迹规划器框图

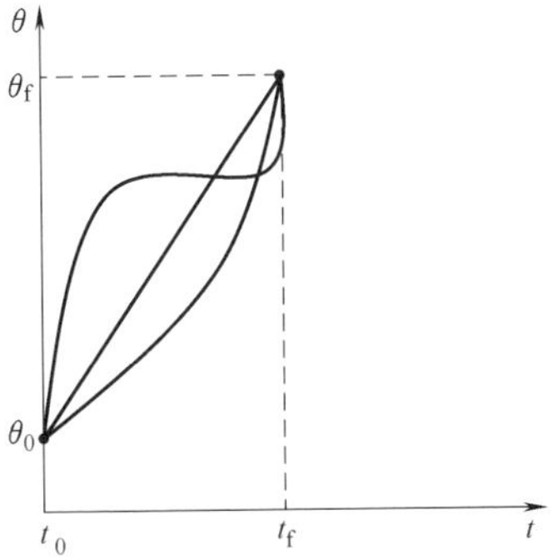

图 5-8　几种可能关节空间轨迹规划路径

(1) 多项式函数插值 PTP (point to point) 实验分析　为了简便，实验不考虑焊接机器人的姿态，只分析机器人末端点的位置，现假设焊接机器人起始点坐标为 (1113, 0, 1455)，终止点坐标为 (1463, -100, 1055)，历时 5s，起始点和终止点的速度都为零，则经运动学反解，可求得机器人经过这两路径点时各关节角度值，见表 5-5。

表 5-5　两路径点对应关节角度值求解结果

关节角	θ_1	θ_2	θ_3	θ_4	θ_5	θ_6
起始点	0	0	0	0	0	0
终止点	3.910	30.54	13.53	0	0	0

由表 5-5 的求解结果可以看出，因为对焊枪末端点的姿态没有要求，因此控制焊枪姿态的关节角 $\theta_4 \sim \theta_6$ 的角度没有发生变化。控制焊枪位置的关节角 $\theta_1 \sim \theta_2$ 发生了变化。利用三次多项式函数插值方法规划各关节角的运动轨迹函数分别见表 5-6。

表 5-6　各关节角运动轨迹函数

关节角	各关节角运动轨迹函数
θ_1	$\theta(t_1)=0.4692t_1^2-0.06256t_1^3$
θ_2	$\theta(t_2)=3.6648t_2^2-0.4886t_2^3$
θ_3	$\theta(t_3)=1.6236t_3^2-0.2165t_3^3$

设置仿真时间为 5s，仿真步数为 500 步，单击仿真计算按钮。经过模拟仿真可知焊枪末端点运动轨迹如图 5-9 所示。

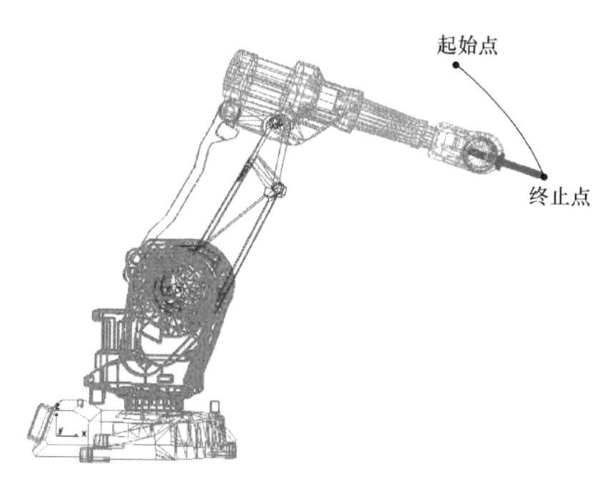

图 5-9　焊枪末端点运动轨迹

在关节空间进行轨迹规划，可以求出焊枪末端点在 X、Y、Z 方向的位移曲线如图 5-10 所示。

（2）抛物线连接的线性函数插值方法与实验分析　一般为了生成一条位移和速度都连续的运动轨迹，可以采取在每个节点的领域内增加一段抛物线的缓冲区。抛物线为二次函数，它的二阶导数为常数，因此可以使整个轨迹的位置和速度连续。

采用不同的加速度，抛物线也不一样，所经历的时间也不同，因此路径点之间的轨迹也不一样，也就有无穷多组解。对于 PTP 实验，若两段抛物线具有相同大小的加速度和时间，如图 5-11 所示，则所获得的曲线将会对称于时间和关节角所形成的坐标点。

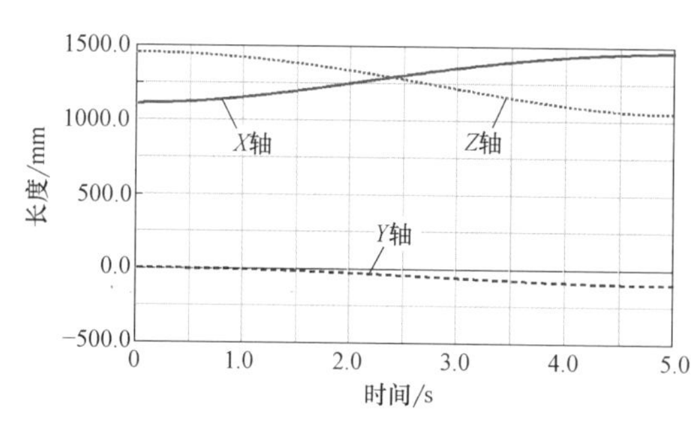

图 5-10　焊枪末端点在 X、Y、Z 方向位移曲线

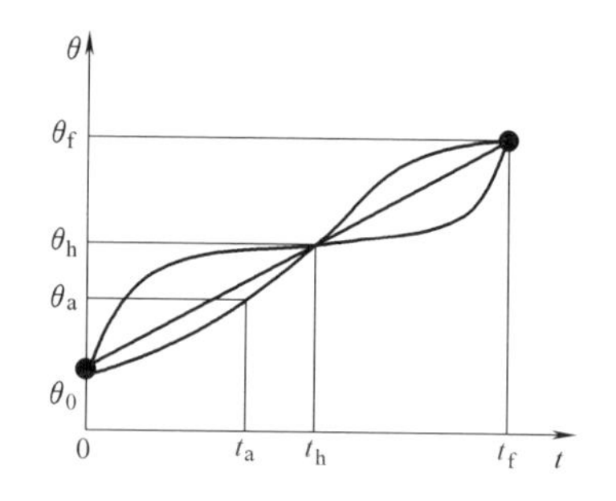

图 5-11　带抛物线过渡的线性插值

通过 MATLAB 软件中的 Simulink 模块做一个仿真实验分析。仿真过程可以将曲线分成三段，即两段加速运动和一段匀速运动，根据这个思路，可以在 Simulink 中建立仿真模型。

设置仿真时间为 2s，运行仿真，从示波器可以看出各参数曲线图，仿真参数结果分别如图 5-12～图 5-14 所示。

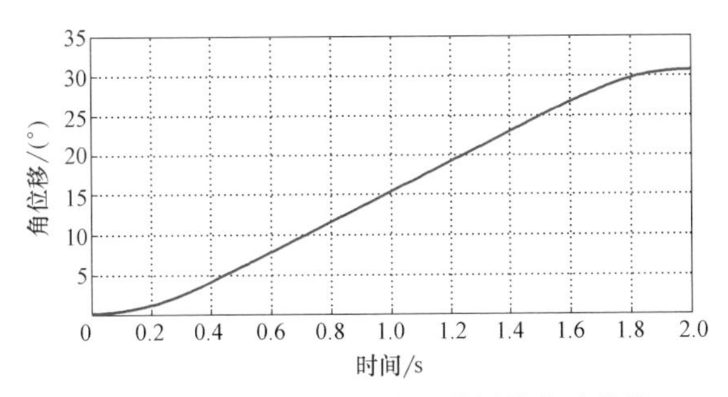

图 5-12　带抛物线过渡的线性插值位移曲线

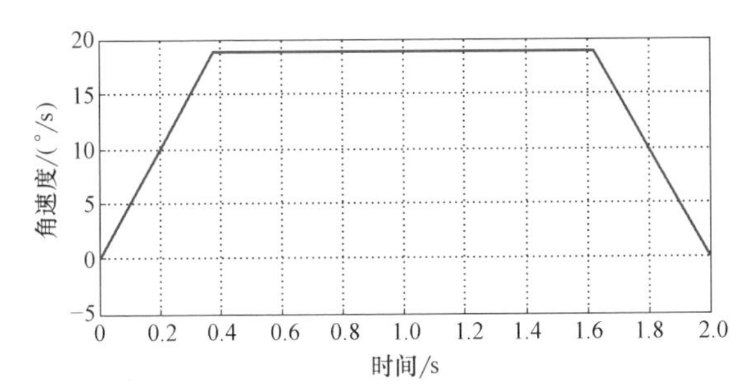

图 5-13　带抛物线过渡的线性插值速度曲线

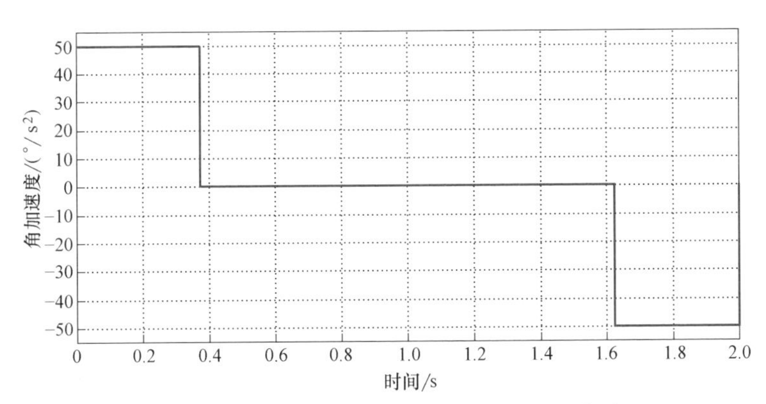

图 5-14　带抛物线过渡的线性插值加速度曲线

3. 笛卡儿坐标空间焊接机器人的轨迹规划方法

在关节空间进行的轨迹规划，方法不一样，其末端点的运动轨迹不确定。但是若对末端点运动过程中的位姿轨迹有要求，而不是对某一路径点有要求，即要求沿特定的轨迹运动时，如做直线运动、圆周运动等，特别是对从事弧焊焊接工作时，对轨迹的运动路径、姿态、精度等都有要求。此时采用关节空间的轨迹规划，将很难满足要求。此时可以在笛卡儿坐标空间（直角坐标空间）内进行规划。

笛卡儿坐标空间的路径点，指的是机器人末端的工具坐标相对于基坐标的位置和姿态，工具坐标的每个路径点，都包含有六个量，即表示空间位置的三个量和表示工具姿态的三个量。

机器人末端点为了准确地沿着设定轨迹运动，实现的方法是将轨迹看成是由许多的路径点组成。然后通过逆运动学计算，将直角坐标空间的位姿关系转换到关节坐标空间。如末端点做直线轨迹运动，可以在直线上有规律地给定大量的路径点，然后通过逆运动学计算出每个路径点对应的关节空间位置，再对关节进行控制，这样从宏观上看，规划出的曲线将会十分接近一条直线。由于路径点数量庞大，因此其计算量非常大，远远大于采用关节空间法的计算量。实际上，并不需要输入各中间路径点的位姿数据，只需要给定起始点和终止点的数据即可，计算机将自动规划出直线运动的轨迹。

笛卡儿空间与关节空间的轨迹规划的特点与比较如下：

1）在笛卡儿空间进行的轨迹规划比较容易让人理解，很直观，易懂。

2）对于任务轨迹有严格要求的，采用关节空间规划很难实现，而只能在笛卡儿空间规划出既定的轨迹。

3）在笛卡儿空间内即使采取的路径点都在机器人工作空间内，也仍然无法保证轨迹上所有的点都在机器人的工作空间内，而采用关节空间的轨迹规划不存在这样的问题。

4）在笛卡儿空间进行的轨迹规划计算工作量相当大，需要进行大量的逆运动学计算，且规划的轨迹最终还是要转换到关节空间。

5）笛卡儿空间进行的轨迹规划总会不可避免地出现轨迹接近空间奇异点的现象，以致关节的速度趋于无穷大而无法实现。关节空间的规划不会出现这样的问题。

5.3.5 焊接机器人轨迹仿真

1. 焊接任务描述

在机器人弧焊过程中，必须要求焊枪沿着规定的轨迹进行焊接工作。并对焊枪在不同位置的姿态、焊枪的运动精度提出要求。焊接模型如图 5-15 所示，将长、宽、高分别为 480mm、480mm、150mm 的长方体焊接在板材表面。需要焊接正方形的四个边。正方形焊缝的四个关键点的位置 1、2、3、4 的坐标分别是(618，-240，655)、(1098，-240，655)、(1098，240，655)、(618，240，655)，位置 1 为焊枪引弧位置。

图 5-15　焊接模型示意图

任务要求机器人在焊接的过程中，在 2s 的时间内焊枪由起始点运动到焊接工件的上方路径点，然后用 1.9s 的时间以缓慢的速度靠近焊缝的引弧处，再以40mm/s的速度，匀速沿着焊缝进行焊接。焊接任务完成以后，又以缓慢的速度回归到焊接工件的上方路径点处，整个焊接过程结束。任务耗时55.8s。

2. 焊接过程仿真实验

(1) 运动仿真控制方法　已知机器人的焊接路径，为了求得各关节角，可以通过运动学反解求得不同路径点对应的各关节角度值。这个计算的过程是复杂的，而且数据相当庞大，人工将很难完成计算。可以通过由澳大利亚联邦科学与工业研究组织（Commonwealth Scientific and Industrial Research Organization，CSIRO）的研究员Peter Corke开发的机器人工具箱（Robotics TOOLBOX）来完成这一计算过程。它是应用于MATLAB环境下的软件。机器人工具箱可以很方便地建立起机器人数学模型，并对机器人的相关技术进行实验研究。比如对机器人的正反运动学、正反动力学、轨迹规划、路径规划等方面的实验测试。具有快捷、方便、可编程等特点。

利用机器人工具箱中ikine函数可以实现机器人的运动学反解，获取对应路径点中各关节的角度值。若要进行笛卡儿空间轨迹规划，可以用ctraj函数实现。设定每0.02s采取一个路径点，并对其进行反解。其流程图如图5-16所示。

(2) 干涉问题分析与处理　在焊接的起始阶段，若焊枪直接从起始位置运动到焊缝的引弧处，由于在这两个路径点之间的运动路径没有要求，因此可以在关节空间进行PTP控制；由于是在关节空间进行轨迹规划，若仅仅采用由起始点和引弧位置这两个节点位置，只能保证焊枪经过起始点和引弧位置这两个路径点，而这两个路径点之间的运动轨迹是无法确定的。通过多项式函数插值的方法进行轨迹规划及仿真实验，可知在这个过程中焊枪与工件会有干涉现象，如图5-17所示。

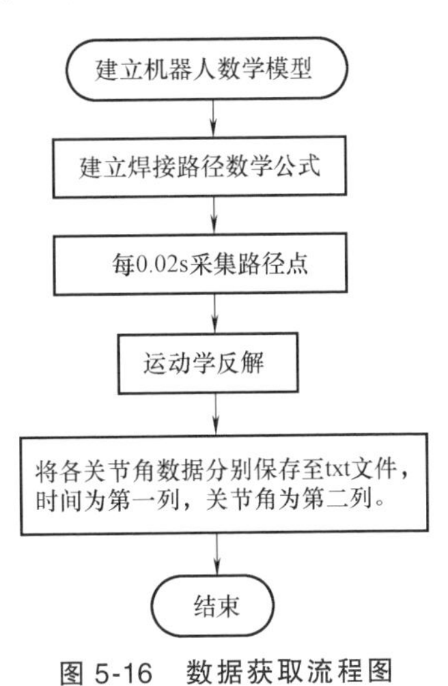

图5-16　数据获取流程图

解决这个问题的方法是通过在焊枪起始点与引弧位置这两个路径点之间再增加几个路径点，以避开与工件之间的干涉。如在工件的上方增加一个路径点，让焊枪经过这个路径点，然后再由这个路径点到达焊枪的引弧位置，如图5-18所示。改进后焊枪与工件没有出现干涉的情况。

(3) 运动仿真与运动分析　多视角焊枪运动轨迹如图5-19所示。从俯视图和轴测视图两个角度，可以清晰地看出焊枪在整个运动过程中末端点的运动轨迹，图中黑线表示焊枪末端点的运动轨迹。

需要注意的是，在焊接过程中需要考虑机器人与工件的干涉问题，还要考虑焊接条件的要求，即在满足焊枪位置要求的同时，还必须要考虑焊枪的姿态要求。而且在工件不同侧面焊接时，焊枪的姿态不一样，因此焊枪姿态随着焊接侧面的不同，需要不断地调整。本仿真实验要求焊枪与长方体工件侧面成45°的姿态进行焊接。在对每条边焊接结束并对另一边焊接开始时，对焊枪姿态重新做出调整，以适应对另一边焊缝的焊接，如图5-20所示。

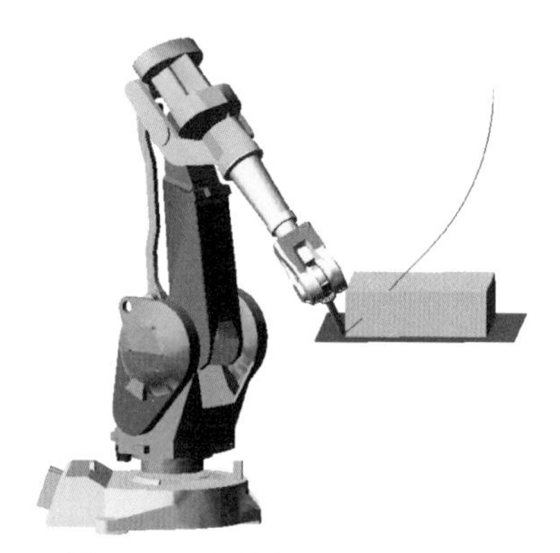

图5-17　焊枪与工件产生干涉

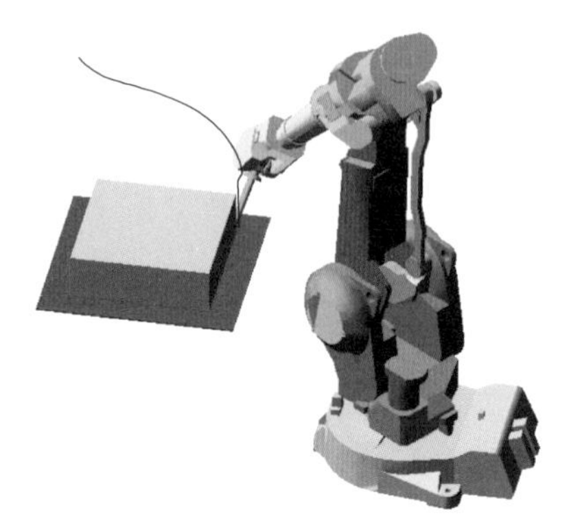

图5-18　在工件上方增加一个路径点后的运动轨迹

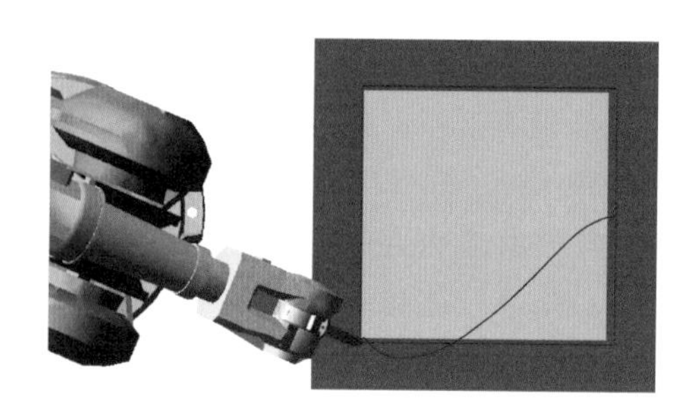

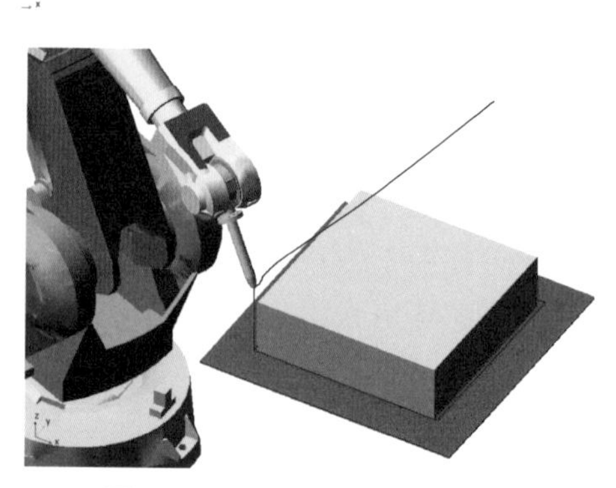

图5-19　多视角焊枪运动轨迹

通过在Robotics TOOLBOX设置MARKER点，对其进行轨迹跟踪，得到焊枪末端点的运动轨迹，如图5-21所示。

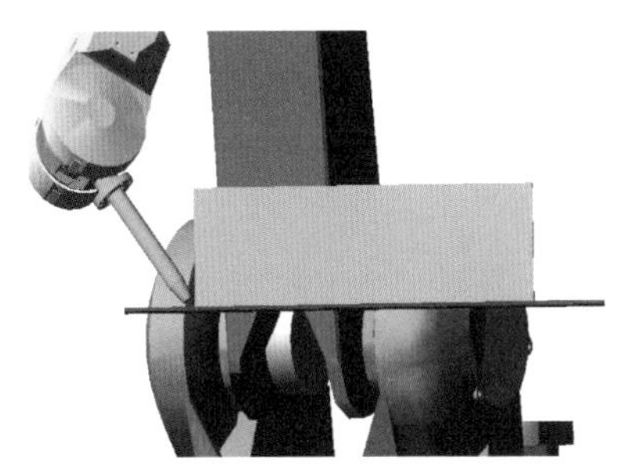
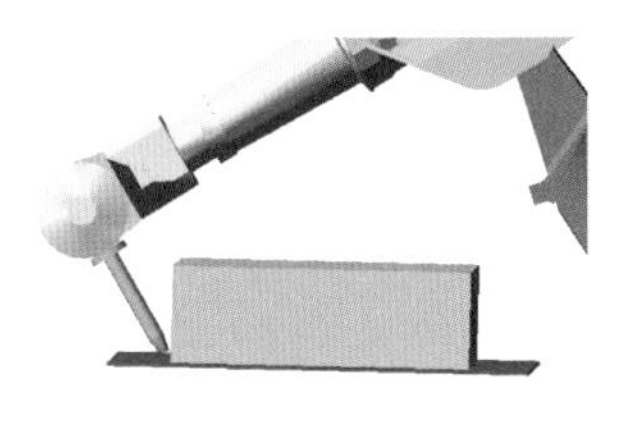

图 5-20 在不同边的焊枪姿态

5.3.6 仿真结果数据处理与分析

对机械系统进行了仿真求解后，可以通过 ADAMS/PostProcess 模块对求解的数据进行分析。图 5-22 所示为关节 1 至关节 6 的角位移曲线图。

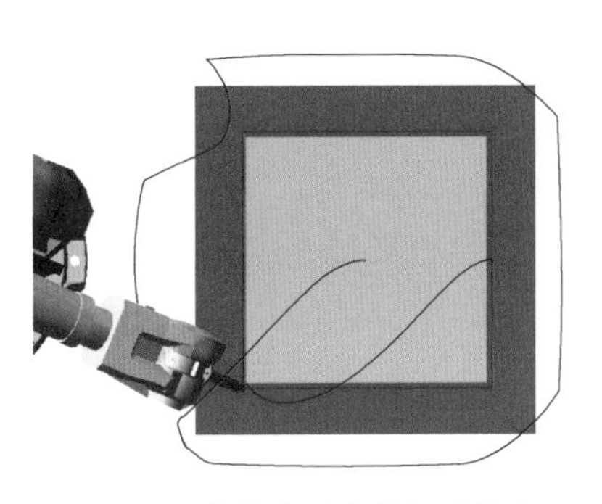

图 5-21 焊枪末端点的运动轨迹

观察关节 1 至关节 3 的角位移曲线可以发现，在 3.9s、16.4s、28.9s、41.4s 等时刻区域，三个关节的角度位移都有一个迅速变化的过程，这是因为在这些区域焊枪的焊接方向发生了改变。各关节的角速度在焊接的过程中都很小，以关节 1 为例，其平均角速度为 0.39°/s。最大角速度为 109.1°/s，最小角速度为-28.8°/s。在每个焊接方向改变的区域都有一个比较大的速度波动。这是因为在转角位置，由于姿态的调整，引起焊枪运动速度变化，如图 5-23 所示。图 5-24 所示为焊枪末端点速度曲线。

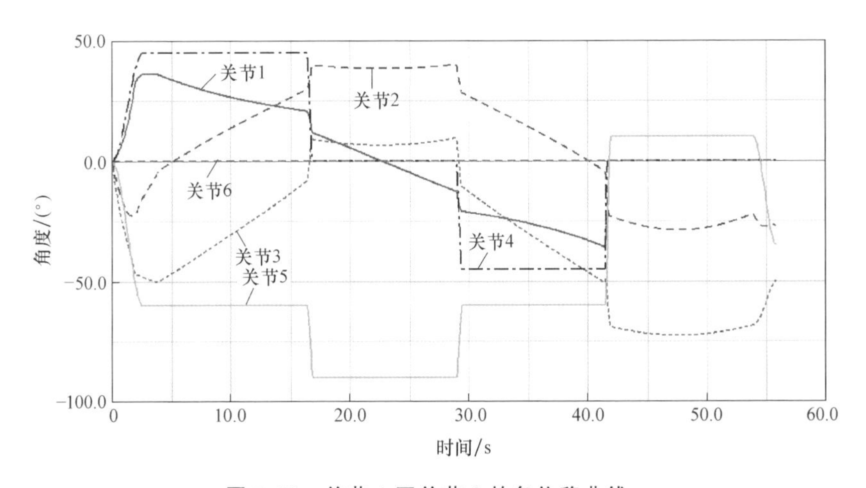

图 5-22 关节 1 至关节 6 的角位移曲线

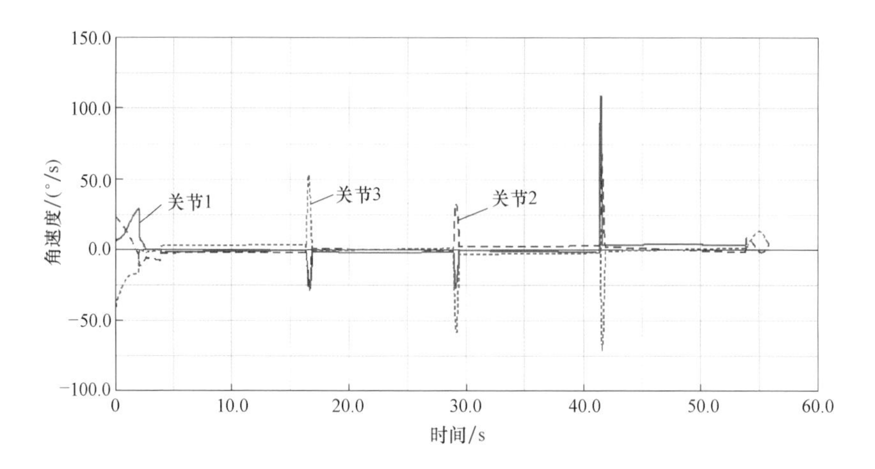

图 5-23　关节 1 至关节 3 的角速度曲线

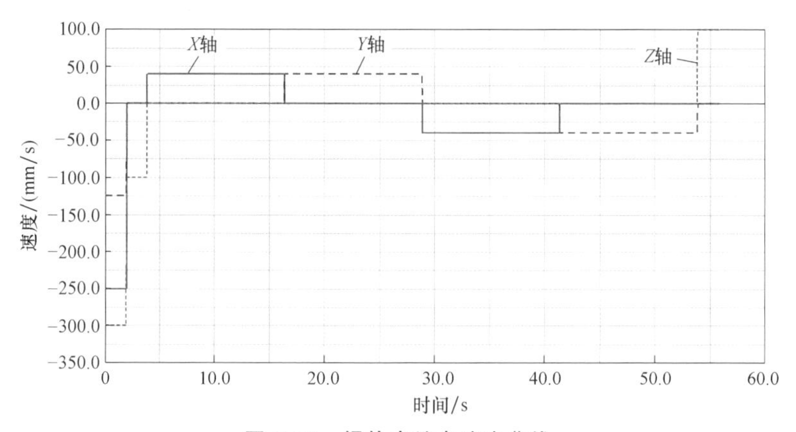

图 5-24　焊枪末端点速度曲线

由图 5-22 和图 5-24 所示的焊枪末端点位移和速度曲线可知，虚拟焊接机器人按照设定的任务时间要求完成了焊接作业。在 3.9s 以后开始焊接，此后一直保持以 40mm/s 稳定的焊接速度进行焊接活动。仿真结果表明，根据设计的运动控制方法，可以实现预期的焊接任务，可以很方便地模拟和发现在实际环境中可能会出现的问题，从而降低实验成本，提高生产线的作业效率。

5.4　本章小结

1）介绍了多体系统动力学的发展状况，并对其建模和仿真求解过程进行了简单的描述。其次，对虚拟样机软件 ADAMS 的特点做了简单的介绍，对其工作环境的设置步骤进行了详细的描述。

2）对机器人的轨迹规划方法进行了分析和实验，描述了轨迹规划在工业机器人中的不可或缺性，并对机器人轨迹规划采用的方法进行了介绍，对其进行了验证。

3）对关节空间轨迹规划的方法与笛卡儿坐标空间的轨迹规划方法的特点作了比较。

4）运用多体系统动力学软件，结合工业机器人技术，对焊接机器人的一个焊接过程进行了仿真；开展了给定任务的仿真实验及分析，仿真实验表明了轨迹规划的有效性。

参考文献

[1] 陈善本，林涛．智能化焊接机器人技术［M］．北京：机械工业出版社，2006.

[2] 赵熹华，冯吉才．压焊方法及设备［M］．北京：机械工业出版社，2005.

[3] 蔡自兴．机器人学［M］．北京：清华大学出版社，2000.

[4] 王宗杰．熔焊方法及设备［M］．北京：机械工业出版社，2006.

[5] 马国红．基于 PETRI NET 的机器人焊接柔性制造系统建模与控制研究［D］．上海：上海交通大学，2006.

[6] 何银水．基于 MLD 建模的厚板机器人自主焊接及预测控制研究［D］．上海：上海交通大学，2017.

[7] 许燕玲．基于视觉及电弧传感技术的机器人 GTAW 三维焊缝实时跟踪控制技术研究［D］．上海：上海交通大学，2013.

[8] 田劲松．机器人弧焊任务级离线编程技术的研究［D］．哈尔滨：哈尔滨工业大学，2001.

[9] 汪衍广．镁合金焊接过程熔滴运动图像处理算法研究［D］．南昌：南昌大学，2016.

[10] MA Guohong，ZHANG Yuming. A novel DE-GMAW method to weld steel tubes on simplified condition［J］. International Journal of Advanced Manufacturing Technology，2012，63（1-4）：147-153.

[11] ZHANG Chaoyang，MA Guohong，NIE Jun，et al. Numerical simulation of AZ31B magnesium alloy in DE-GMAW welding process［J］. International Journal of Advanced Manufacturing Technology，2015，78（5-8）：1259-1264.

[12] LI Kehai，CHENG Junsong，ZHANG Yuming. Double-electrode GMAW process and control［J］. Welding Journal，2007，86（8）：231-237.

[13] LI Kehai，ZHANG Yuming. Metal transfer in double-electrode Gas metal arc welding［J］. Journal of Manufacturing Science and Engineering，2007，129（12）：991-999.

[14] ALLUM C J. Metal transfer in arc welding as a varicose instability：II. Development of model for arc welding［J］. J Phys：（D：Appl Phys），1985，18（7）：1447-1468.

[15] KIM Y S，EAGAR T W. Analysis of metal transfer in gas metal arc welding［J］. Welding Research Supplement，1993，72（6）：269-278.

[16] LANCASTER J F. The physics of welding［J］. Phys Technol，1984，15（2）：73-79.

[17] LI Kehal，ZHANG Yuming. Consumable double-electrode GMAW：Part Ⅰ The process［J］. Welding Journal，2008，87（1）：11-17.

[18] LI Kehai，ZHANG Yuming. Consumable double-electrode GMAW：Part II Monitering，Modeling and Control［J］. Welding Journal. 2008，87（2）：44-50.

[19] WANG Zhenzhou，ZHANG Yuming. Image processing algorithm for automated monitoring of metal transfer in double-electrode GMAW［J］. Measurement Science and Technology，2007（18）：2048-2058.

[20] LI K，ZHANG Y，XU P，et al. High-strength steel welding with consumable double-electrode gas metal arc welding［J］. Welding Journal. 2008，87（3）：57-64.

[21] WU Chuansong, ZHANG Mingxian, LI Kehai, et al. Numerical analysis of double-electrode gas metal arc welding process [J]. Computational Materials Science, 2007, 39 (2): 416-423.

[22] 黄健康，石玕，李妍，等. 双熔化极旁路电弧焊控制系统控制器快速原型实现 [J]. 焊接学报，2010，31 (6): 37-41.

[23] CHANG Doyong, SON Donghoon, LEE Jungwoo, et al. A new seam-tracking algorithm through characteristic-point for a portable welding robot [J]. Robotics and Computer-Intergrated Manufacturing, 2012, 28, (1): 1-13.

[24] DE AGUIAR Aariano Jose Cunha, VILLANI Emilia, JUNQEIRA Fabricaio. Coloured Petri nets and graphical simulation for the validation of a robotic cell in aircraft industry [J]. Robotics and Computer-Intergrated Manufacturing, 2011, 27 (5): 929-941.

[25] PAN Zengxi, POLDEN Joseph, LARKIN Nathan, et al. Recent progress on programming methods for industrial robot [J]. Robotics and Computer-Intergrated Manufacturing, 2012, 28 (2): 87-94.

[26] LEE D, KU N, KIM T, et al. Development and application of an intelligent welding robot system for shipbuilding [J]. Robotics and Computer-Integrated Manufacturing, 2011, 27 (2): 377-388.

[27] 马宏波，陈善本. 焊接机器人运动过程混合逻辑动态建模方法 [J]. 上海交通大学学报，2010，44 (S1): 107-109.

[28] 陈善本. 智能化机器人焊接技术研究进展 [J]. 机器人技术与应用. 2007 (3): 8-11.

[29] 郑军，刘正文，潘际銮. 面向大型工件的爬行式全位置焊接机器人 [J]. Defense Manufacturing Technology, 2009 (3): 38-41.

[30] 张轲，金鑫，吴毅雄. 移动焊接机器人的空间拓扑结构分析 [J]. 焊接学报，2010，31 (5): 25-28.

[31] 焦向东，周灿丰，薛龙，等. 遥操作干式高压海底管道维修焊接机器人系统 [J]. 焊接学报，2009，30 (11): 1-4.

[32] KIM Y S, EAGAR T W. Analysis of metal transfer in gas metal arc welding [J]. Welding Journal. 1993, 72 (6): 269-278.

[33] KIM Y S, EAGAR T W. Metal transfer in pulsed current gas metal arc welding [J]. Welding Journal. 1993, 72 (7): 279- 287.

[34] KIM Y S, EAGAR T W. Model of metal transfer in gas metal arc welding [C] //Edison Welding Institute Annual North American Welding Research Seminar, Columbus, 1988: 1-20.

[35] 刘双宇，张宏，刘凤德，等. CO_2 激光-MAG 电弧复合焊接工艺参数的优化 [J]. 焊接学报，2011，32 (10): 61-64.

[36] 袁崇义. PETRI 网 [M]. 南京：东南大学出版社，1989.

[37] LV Yaqiong, LEE C K M, CHAN H K, et al. RFID-based colored Petri net applied for quality monitoring in manufacturing system [J]. Int J Adv Manuf Technol, 2012, 60 (1-4): 225.

[38] TURGAY Safiye. Agent-based FMS control [J]. Robotics and Computer-Integrated Manufacturing, 2009, 25 (2): 470-480.

[39] LI Wei, BARRIE R N, XUE Deyi, et al. An efficient heuristic for adaptive production schedu-

ling and control in one-of-a-kind production [J]. Computers & Operations Research, 2011, 38 (1): 267-276.

[40] CLAVAREAU Julien, LABEAU Pierre Etienne. A Petri net-based modelling of replacement strategies under technological obsolescence [J]. Reliability Engineering and System Safety, 2009, 94 (2): 357- 369.

[41] KATSAROS Panagiotis. A roadmap to electronic payment transaction guarantees and a Colored Petri Net model checking approach [J]. Information and Software Technology, 2009, 51 (2): 235-257.

[42] KRISTIAN B L, WILM P VAN DER AALST. Complexity metrics for Workflow nets [J]. Information and Software Technology, 2009, 51 (3): 610-626.

[43] TRONCALE Sylvie, COMET Jean Paul, BERNOT Gilles. Enzymatic competition: Modeling and verificationwith timed hybrid Petri nets [J]. Pattern Recognition, 2009, 42 (4): 562-566.

[44] BURCIN Bostan Korpeoglu, YAZICI Adnan. A fuzzy Petri net model for intelligent databases [J]. Data & Knowledge Engineering, 2007, 62 (2): 219-247.

[45] QIU Tao, CHEN Shanben, WU Lin, et al. Petri net based modeling and analysis for welding flexible manufacturing cell [J]. China Welding, 2001 (1): 1-7.

[46] EAGAR T W. Physics of arc welding [C] // Physics in the Steel Industry. October 5-7, 1981, Bethlehem, Pennsylvania. New York: AIP/AISI, 84: 272-285.

[47] SIMPSON S W, Zhu P. Formation of molten droplets at a consumable anode in an electric welding arc [J]. J. Phys (D: Appl Phys), 1995, 28 (8): 1594-1600.

[48] SIMPSON S W. Metal transfer instability in gas metal arc welding [J]. Science and Technology of Welding and Joining, 2009, 14 (4): 562-574.

[49] 孟庆森，张柯柯. 金属焊接性基础 [M]. 北京：化学工业出版社，2010.

[50] 李淑华. 典型工件焊接 [M]. 北京：机械工业出版社，2011.

[51] 李亚江. 先进材料焊接技术 [M]. 北京：化学工业出版社，2012.

[52] LIU Liming, DONG Changfu. Gas tungsten-arc filler welding of AZ31 magnesium alloys [J]. Materials Letters, 2006, 60 (17-18): 2194-2197.

[53] LIU Xuhe, GU Shihai, WU Ruizhi. Microstructure and mechanical properties of Mg-Li alloys after TIG welding [J]. Transactions of Nonferrous Metals Society of China, 2011, 21 (3): 477-481.

[54] ROSE A R, MANISEKAR K, BALASUBRAMANIAN V. Prediction and optimization of pulsed current tungsten inert gas welding parameters to attain maximum tensile strength in AZ61A magnesium alloys [J]. Materials and Design, 2012, 37 (5): 334-348.

[55] ZHANG Zhaodong, LIU Liming, SONG Gang. Welding characteristics of AZ31B magnesium alloys using DC-PMIG welding [J]. Transactions of Nonferrous Metals Society of China, 2013, 23 (2): 315-322.

[56] WU C S, HU Z H, ZHONG L M. Prevention of humping bead associated with high welding speed by double-electrode gas metal arc welding [J]. Int J Adv Manuf Technol. 2012, 63 (5-

8)：573-581.
[57] 王飞，华学明，马晓丽，等. CO_2 气体保护药芯焊丝双丝焊接电信号稳定性分析 [J]. 上海交通大学学报，2010，44 (4)：457-462.
[58] 崔树娟. 包围盒方法在虚拟手术碰撞检测中的应用 [D]. 青岛：青岛大学，2004.
[59] 魏迎梅. 虚拟环境中物体碰撞检测算法研究 [D]. 长沙：国防科学技术大学，2000.
[60] 罗枫. 三维网格模型的快速碰撞检测及相交体计算 [D]. 杭州：浙江大学，2005.
[61] 陈威. 动态虚拟夹具在机器人虚拟仿真系统中的应用 [D]. 广州：华南理工大学，2009.
[62] 张茂军. 虚拟现实系统 [M]. 北京：科学出版社，2001.
[63] 戴光明. 避障路径规划算法研究 [D]. 武汉：华中科技大学，2004.
[64] 包卫卫. 多关节检修机械臂避障路径规划研究 [D]. 哈尔滨：哈尔滨工程大学，2009.
[65] 郭炬. 串联多关节机械臂设计与分析 [D]. 武汉：华中科技大学，2008.